BAYESIAN STATISTICS

R을 이용한
베이즈 통계 기초

| 도진환 지음 |

한티미디어

| 저자 약력 |

도진환(都軫煥)

경북대학교 화학공학과 (공학사)
한국과학기술원 생명화학공학과 (공학석사/박사)
영국 맨체스터 대학 포스닥 (생물정보학)
일본동경대 휴먼게놈센터 연구원 (DNA 정보해석)
현) 동양대학교 화공생명공학과 교수

역서 : Cell Illustrator와 패스웨이 데이터 베이스를 통해 배우는 시스템 생물학의 기초,
　　　시스템 생물학 입문: 생물학적 회로의 설계원리

저서 : 화공열역학: R을 이용한 상태방정식 활용, 화공열역학: R을 이용한 혼합물의 기액평형 해석,
　　　화학반응공학: R을 이용한 반응기 설계와 해석, R을 이용한 공정제어 기초

R을 이용한 베이즈 통계 기초

발행일　2018년 8월 27일 초판 1쇄
지은이　도진환
펴낸이　김준호
펴낸곳　한티미디어 | 서울시 마포구 연남로 1길 67 1층
등 록　제15-571호 2006년 5월 15일
전 화　02)332-7993~4 | **팩 스** 02)332-7995
I S B N　978-89-6421-349-0 (93310)
가 격　23,000원
마케팅　박재인 최상욱 김원국
편 집　김은수 유채원
관 리　김지영

이 책에 대한 의견이나 잘못된 내용에 대한 수정 정보는 한티미디어 홈페이지나 이메일로 알려주십시오.
독자님의 의견을 충분히 반영하도록 늘 노력하겠습니다.

홈페이지 www.hanteemedia.co.kr | **이메일** hantee@empal.com

PREFACE

이 책은 베이즈 통계를 공부하는 데 기초가 되는 분포함수의 종류와 사후분포함수로부터 모수를 추정하기 위한 깁스 표본기법(Gibbs Sampling), 메트로폴리스 해스팅스 방법(Metropolis-Hastings Algorithm), 라플라스 근사방법(Laplace Approximation), 기대-최대화 방법(Expectation-Maximization) 등을 R 프로그램과 함께 소개하는 내용을 담고 있다. 베이즈 통계는 전산, 금융, 공학, 의료 등의 다양한 분야의 자료분석에 이용될 뿐만 아니라 최근에는 빅데이터를 활용하는 인공지능 및 기계학습 분야에서도 활발한 연구와 응용이 이루어지고 있다.

베이즈 통계의 학습에서 가장 어렵게 느껴지는 부분은 복잡한 수식으로 표현된 우도함수나 사후분포함수의 계산이며 난수를 이용한 몬테칼로 적분이 중요한 계산도구로 이용된다. R은 통계기반의 언어로서 난수를 이용하는 몬테칼로 시뮬레이션(Monte-Carlo simulation)에 탁월성을 가지면서도 누구나 무료로 사용할 수 있는 프로그램이다. 따라서, 베이즈 통계에 대한 기본 개념을 학습하는 데 R은 아주 효율적인 도구로 사용될 수 있다.

또한, 베이즈 통계와 관련된 많은 R 패키지들이 개발되어 있어(https://CRAN.R-project.org/view=Bayesian) 베이즈 통계를 더 깊이 배우거나 응용하고자 하는 독자들에게 폭넓은 기회를 제공해 줄 것이다. R을 통해 베이즈 통계에 대한 기본 개념을 충분히 숙지한 독자들에게 응용문제에 대한 해결능력 향상을 위해 마르코프 연쇄 몬테칼로(MCMC, Markov Chain Monte Carlo) 방법을 베이지안 모형에 적합시킨 통계패키지 BUGS(Bayesian inference Using Gibbs Sampling)의 윈도우 버전인 WinBUGS의 활용도 이 책에 간단히 포함시켰다.

베이즈 통계를 처음으로 접하거나 베이즈 통계를 이용하여 실제적인 문제를 계산하고자 하지만 적절한 계산도구나 방법에 어려움을 느끼는 독자들에게 도움이 되기를 바라면서 부족하지만 이 책의 출간을 결정하게 되었다.

2018년 8월

저자 도진환

CONTENTS

PREFACE   3

| CHAPTER 1 | 확률변수와 분포함수 | 7 |

1.1 확률변수   8
1.2 분포함수   9
   1.2.1 이산형 분포   9
   1.2.2 연속형 분포   19

| CHAPTER 2 | 베이즈 통계 기초 | 37 |

2.1 베이즈 정리   38
2.2 연속변수에 대한 베이즈 정리   41

| CHAPTER 3 | 사전분포 | 47 |

3.1 무정보 사전분포   48
3.2 공액사전분포   55
3.3 하이퍼 매개변수의 추정   62

| CHAPTER 4 | 사후분포의 근사 | 65 |

4.1 깁스 표본기법   66
4.2 메트로폴리스-헤스팅스 방법   79

4.3 라플라스 근사 방법   88

4.4 기대-최대화 방법   96

CHAPTER 5   **베이지안 회귀분석**   105

5.1 선형모형   106

5.2 매개변수의 추정   108

5.3 일반화 선형모형   123

CHAPTER 6   **WinBUGS**   143

6.1 WinBUGS 소개   144

6.2 WinBUGS에서의 확률분포   146

6.3 WinBUGS를 이용한 베이즈 추론   148

6.4 WinBUGS를 이용한 회귀분석   156

APPENDIX

A. R 언어 소개   164

B. R의 클래스와 연산   165

C. R의 주요 분포함수   173

D. 몬테칼로 적분   175

E. 최적화   178

F. 메트로폴리스-헤스팅스 방법에 의한 난수생성   183

G. 깁스 표본기법에 의한 난수생성   186

H. WinBUGS 설치 및 소개   189

INDEX   197

## CHAPTER 1

확률변수와
분포함수

1.1 확률변수

1.2 분포함수

1.1 확률변수

    확률실험을 통해 일어날 수 있는 모든 결과의 집합을 표본공간으로 정의할 때 표본공간의 원소를 실수값으로 변환하는 함수를 확률변수(random variable)라고 한다. 예를 들면, 동전을 두 번 던지는 경우를 생각해 보자. 동전의 앞면을 H, 뒷면을 T로 나타낸다면 표본공간은 {(HH),(HT),(TH),(TT)}가 될 것이며, 우리의 관심이 앞면이 나오는 횟수라고 하면 (HH)는 2, (HT)와 (TH)는 1, (TT)는 0에 대응된다. 이 때 앞면이 나오는 횟수를 X 라고 하면 X는 표본공간이 정의역이고 치역이 {0,1,2}인 함수로 생각될 수 있으므로 확률변수가 된다. 표본공간의 원소가 랜덤(random)으로 나타날 수 있기 때문에 확률변수 X의 값도 랜덤이다. 확률변수는 관심이 있는 현상을 보다 간편하게 분석하기 위해 정의될 수 있으며 확률변수의 확률적 특성은 분포함수, 확률함수 또는 확률밀도함수, 적률생성함수 등을 통해 표현된다. 여기서는 확률분포 함수를 중심으로 확률변수의 확률적 특성을 살펴보기로 하자.

예제 1-1 주사위를 2번 던졌을 때 나타나는 짝수의 수를 확률변수 X라고 할 때, 표본공간과 확률변수 X가 가질 수 있는 값은 어떻게 되는가?

풀이 주사위를 2번 던졌을 때 나타날 수 있는 표본공간은 다음과 같다.

(1,1), (1,2), (1,3), (1,4), (1,5), (1,6), (2,1), (2,2), (2,3), (2,4), (2,5), (2,6)

(3,1), (3,2), (3,3), (3,4), (3,5), (3,6), (4,1), (4,2), (4,3), (4,4), (4,5), (4,6)

(5,1), (5,2), (5,3), (5,4), (5,5), (5,6), (6,1), (6,2), (6,3), (6,4), (6,5), (6,6)

확률변수 X가 가질 수 있는 값은 0(둘 다 홀수인 경우), 1(짝수 1개, 홀수 1개인 경우), 2(둘다 짝수인 경우)로서 이들의 확률은 다음과 같다.

확률변수(X)	0	1	2	합계
확률 $P(X=x)$	9/36	18/36	9/36	1

1.2 분포함수

확률변수가 취할 수 있는 값의 수에 따라 이산형 확률변수(discrete random variable)
과 연속형 확률변수(continuous random variable)로 나눌 수 있다. 공장에서 생산된 전
체 생산품 가운데 불량품의 개수나 10 평방미터의 옷감원단에서 발견되는 결점의 수와
같이 확률변수가 취할 수 있는 값의 개수가 유한하거나 무한하지만 셀 수 있는 경우가
전자에 속하며, 제품의 무게나 길이 등과 같이 확률변수가 취할 수 있는 값의 개수가 수
없이 많은 경우가 후자에 속한다. 이산형 확률변수에 대한 분포함수로서 베르누이 분포,
이항분포, 음이항 분포, 포아송 분포 등이 있고 연속형 확률변수에 대한 분포함수로서
정규분포, 베타 분포, 감마분포 등이 있으며 각 분포함수들에 대한 특성을 간략히 살펴
보면 다음과 같다.

1.2.1 이산형 분포

(1) 베르누이 분포

시행의 결과가 성공 혹은 실패와 같이 두 결과만 나타나는 경우를 베르누이 시행(Ber-
noulli trial or experiment)이라고 한다. 성공의 확률을 θ라고 하면 실패의 확률은 $1-\theta$
가 된다. 시행의 결과가 성공이면 $X=1$이라고 하고 실패이면 $X=0$이라고 할 때 X의 확
률밀도함수는 다음과 같다.

$$f(x|\theta) = \theta^x (1-\theta)^{1-x} \qquad x \in \{0,1\}, \theta \in (0,1) \tag{1.1}$$

확률변수 X가 베르누이 분포를 따를 때 $X \sim Ber(\theta)$로 나타내며 평균과 분산은 다음과
같다.

$$E(X|\theta) = \theta, \; Var(X|\theta) = \theta^x (1-\theta)^{1-x} \tag{1.2}$$

$\theta = 0.3$일 때 베르누이 분포를 따르는 확률변수 X의 확률분포를 살펴보기 위해 다음의 R 코드를 이용해 보자.

```
require(Rlab)  # rbern 함수가 포함된 패키지 로더
set.seed(1234)
x=rbern(1000,0.3)  # θ = 0.3일 베르누이 분포에서 1000개의 확률변수를 랜덤으로 추출
x11() # 그림 1.1
hist(x,freq=F,xlab="X",main="")
round(mean(x),3)  # X의 평균
[1] 0.302
round(var(x),3)  # X의 분산
[1] 0.211
```

위의에서 사용된 rbern 함수는 베르누이 분포에서 확률변수를 랜덤하게 추출할 때 사용할 수 있으며 "Rlab" 패키지에 들어 있다.

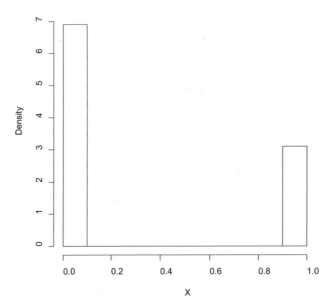

그림 1.1 시뮬레이션을 통해 얻어진 성공확률이 0.3인 베르누이 분포.

(2) 이항분포

성공확률이 θ인 베르누이 시행을 독립적으로 n번 반복할 때 성공의 횟수를 확률변수 X라고 하면 확률밀도함수는 다음과 같이 주어진다.

$$f(x|\theta) = \frac{n!}{(n-x)!x!}\theta^x(1-\theta)^{n-x} \qquad x \in \{0,1,...,n\},\ \theta \in (0,1) \tag{1.3}$$

확률변수 X가 이항분포(binomial distribution)를 따를 때 $X \sim B(n,\theta)$로 나타내며 평균과 분산은 다음과 같다.

$$E(x|\theta) = n\theta, \qquad Var(x|\theta) = n\theta(1-\theta) \tag{1.4}$$

$\theta = 0.3$, $n = 50$인 경우의 이항분포를 따르는 확률변수 X의 확률분포를 살펴보기 위해 다음의 R 코드를 이용해 보자.

```
set.seed(1234)
x=rbinom(1000,50,0.3) # X ~ B(50, 0.3)로부터 1000개의 독립표본 추출
x11() # 그림 1.2
hist(x,prob=T,xlab="X",main="",breaks=seq(2,26,1))
round(mean(x),3)  # X의 평균
[1] 15.084
round(var(x),3)     # X의 분산
[1] 11.292
#  식 1.3에 의한 확률밀도함수를 이용한 X의 분포계산
x1=seq(0,25,1)
fx=dbinom(x1,size=50, prob=0.3)
lines(x1,fx,lwd=2)
```

위의 코드에서 rbinom 함수는 이항분포로부터 표본을 추출하는 함수이다. 1,000개의 표본을 통해 계산된 확률변수 X의 평균과 분산은 식 1.4에 의해 이론적으로 계산되는 값 (평균: 15, 분산: 10.5)과 비교할 때 약간의 차이가 있음을 알 수 있다. 이러한 차이는 표본의 수를 증가시킬수록 줄어들게 든다. 그림 1.2는 시뮬레이션과 식 1.3의 확률밀도함수에 의해 계산된 확률변수 X의 확률분포를 나타낸다.

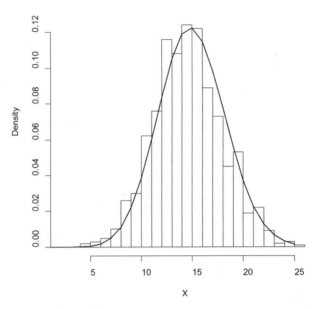

그림 1.2 이항분포 $B(50,0.3)$에 대한 시뮬레이션(히스토그램)과 확률밀도함수(실선)를 통해 계산된 확률변수 X의 확률분포.

(3) 음이항 분포

성공확률이 θ인 베르누이 시행을 독립적으로 반복 수행하여 r번째 성공 이전에 있었던 실패의 횟수를 확률변수 X라고 하면 확률밀도함수는 다음과 같이 주어진다.

$$f(x|\theta) = \frac{(x+r-1)!}{x!(r-1)!}\theta^r(1-\theta)^x \qquad x \in \{0,1,2,\dots\}, \ \ \theta \in (0,1) \tag{1.5}$$

확률변수 X가 음이항분포(negative binomial distribution)를 따를 때 $X \sim NB(r,\theta)$로 나타내며 평균과 분산은 다음과 같다.

$$E(x|\theta) = \frac{r(1-\theta)}{\theta}, \qquad Var(x|\theta) = \frac{r(1-\theta)}{\theta^2} \tag{1.6}$$

$r=5, \theta=0.3$일 때 음이항 분포를 따르는 확률변수 X의 확률분포를 살펴보기 위해 다음의 R 코드를 이용해 보자.

```
set.seed(1234)
x = rnbinom(1000, size=5, prob=0.3)
x11() # 그림 1.3
hist(x,prob=T,xlab="X",main="",xlim=c(0,40),breaks=seq(0,42,1))
round(mean(x),3) #  X의 평균
[1] 11.851
round(var(x),3)    #  X의 분산
[1] 39.727
# 식 1.5에 의한 확률밀도함수를 이용한 X의 분포계산
x1=seq(0,40,1)
fx=dnbinom(x1,size=5, prob=0.3)
lines(x1,fx,lwd=2)
```

위의 코드에서 rnbinom 함수는 음이항 분포로부터 표본을 추출하는 함수이다. 1,000개의 표본을 통해 계산된 확률변수 X의 평균과 분산은 각각 11.851과 39.727이며 식 1.6에 의해 이론적으로 계산되는 평균과 분산은 각각 11.667과 38.889이다. 시뮬레이션에 사용되는 표본의 수를 증가시킬수록 평균과 분산의 값은 이론식의 의해 계산되는 값에

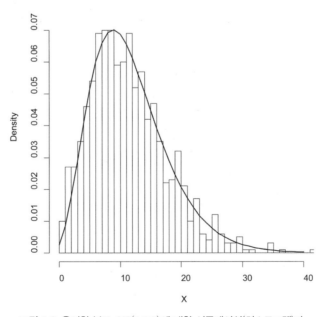

그림 1.3 음이항 분포 $NB(5, 0.3)$에 대한 시뮬레이션(히스토그램)과
확률밀도함수(실선)를 통해 계산된 확률변수 X의 확률분포.

수렴하게 된다. 그림 1.3은 시뮬레이션과 식 1.5의 확률밀도함수를 통해 계산된 확률변
수 X의 확률분포를 나타낸다.

(4) 기하분포

기하분포(geometric distribution)는 음이항분포의 특별한 경우로서 식 1.5에 $r=1$을
대입하면 다음의 식을 얻을 수 있다.

$$f(x|\theta) = \theta(1-\theta)^x \qquad x \in \{0,1,2,\dots\}, \quad \theta \in (0,1) \tag{1.7}$$

위의 식은 성공확률이 θ인 베르누이 시행을 독립적으로 반복 수행할 때 첫 번째 성공
이 얻어질 때까지 있었던 실패의 횟수를 확률변수 X로 둘 경우 얻어지는 확률밀도함수
가 되며 기하분포라고 부른다. 확률변수 X가 기하분포를 때 $X \sim Geo(\theta)$로 나타내며 평
균과 분산은 다음과 같다.

$$E(x|\theta) = \frac{(1-\theta)}{\theta}, \qquad Var(x|\theta) = \frac{(1-\theta)}{\theta^2} \tag{1.8}$$

다음의 R 코드를 이용하여 $\theta = 0.3$일 때 기하분포를 따르는 확률변수 X의 확률분포를
살펴보자.

```
set.seed(1234)
x = rgeom(1000, prob=0.3)
x11() # 그림 1.4
hist(x,prob=T,xlab="X",main="",xlim=c(0,20),breaks=seq(0,20,0.5))
round(mean(x),3) # X의 평균
[1] 2.322
round(var(x),3)    # X의 분산
[1] 7.093
# 식 1.7에 의한 확률밀도함수를 이용한 X의 분포계산
x1=seq(0,16,1)
fx=dgeom(x1,prob=0.3)
lines(x1,fx,lwd=2)
```

위의 코드에서 rgeom 함수는 기하분포로부터 표본을 추출하는 함수이다. 1,000개의 표본을 통해 계산된 확률변수 X의 평균과 분산은 각각 2.322와 7.093이며 식 1.8에 의해 이론적으로 계산되는 평균과 분산은 각각 2.333과 7.778이다. 표본의 수를 증가시킬수록 평균과 분산의 값은 이론식의 의해 계산되는 값에 수렴하게 된다. 그림 1.4는 시뮬레이션과 식 1.7의 확률밀도함수를 통해 얻어진 확률변수 X의 확률분포를 나타낸다.

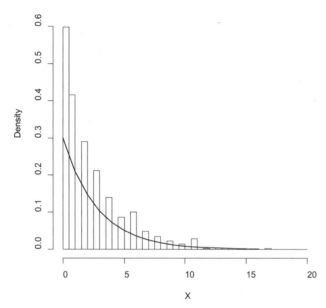

그림 1.4 기하분포 $Geo(0.3)$에 대한 시뮬레이션(히스토그램)과 확률밀도함수(실선)를 통해 얻어진 확률변수 X의 확률분포.

(5) 초기하분포

독립적인 베르누이 시행을 통해 얻어지는 이항분포와 달리 각 베르누이 시행이 독립적인 아닌 경우를 생각해 보자. m개의 빨간색 공과 n의 파란색의 공이 들어 있는 항아리에서 하나의 공을 꺼낸다면 그 공은 빨간 공이거나 파란 공일 것이다. 즉 베르누이 시행이 된다. 항아리에서 꺼낸 공을 다시 항아리에 넣지 않고 k의 공을 꺼낸다면 각 베르누이 시행의 결과는 독립적이지 않다. 이 때 항아리에 꺼낸 k의 공에서 빨간 공의 개수를 확률변수 X로 취한다면 X는 초기하분포(hypergeometric distribution)를 따르며 확률밀도함수는 다음과 같이 나타낼 수 있다.

$$f(x|m,n,k) = \frac{\binom{m}{x}\binom{n}{k-x}}{\binom{n+m}{k}} \tag{1.9}$$

확률변수 X가 초기하분포를 따를 때 $X \sim Hyper(m,n,k)$로 나타내며 식 1.2.9를 이용하여 평균과 분산을 구하면 다음과 같다.

$$E(x|m,n,k) = k\theta, \qquad Var(x|m,n,k) = k\theta(1-\theta)\left(\frac{m+n-k}{m+n-1}\right) \tag{1.10}$$

여기에서 $\theta = m/(n+m)$이다. 다음의 R 코드를 이용하여 $m=20, n=60, k=15$일 때, 초기하분포를 따르는 확률변수 X의 확률분포를 살펴보자.

```
set.seed(1234)
x = rhyper(1000, m=20,n=60,k=15)
x11() # 그림 1.5
hist(x,prob=T,xlab="X",main="",xlim=c(0,15),breaks=seq(0,9,1))
round(mean(x),3)  # X의 평균
[1] 3.789
round(var(x),3)     # X의 분산
[1] 2.427
# 식 1.9에 의한 확률밀도함수를 이용한 X의 분포계산
x1=seq(0,15,1)
fx=dhyper(x1,m=20,n=60,k=15)
lines(x1,fx,lwd=2)
```

위의 코드에서 rhyper 함수는 초기하분포로부터 표본을 추출하는 함수이다. 식 1.10에 의해 이론적으로 계산되는 평균과 분산은 각각 3.75와 2.314이며, 1,000개의 표본을 통해 계산된 확률변수 X의 평균과 분산은 각각 3.789와 2.427이다. 표본의 수를 증가시킬수록 평균과 분산의 값은 이론식의 의해 계산되는 값에 수렴하게 된다. 그림 1.5은 시뮬레이션과 식 1.9의 확률밀도함수를 통해 얻어진 확률변수 X의 확률분포를 나타낸다.

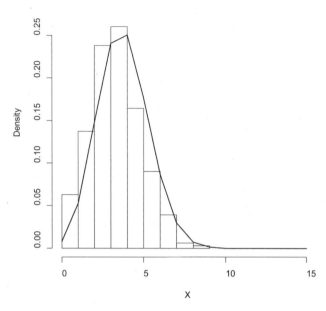

그림 1.5 초기하분포 $Hyper(20,60,15)$에 대한 시뮬레이션(히스토그램)과 확률밀도함수(실선)를 통해
계산된 확률변수 X의 확률분포.

(6) 포아송 분포

단위 시간 혹은 공간 내에서 어떤 사건이 평균적으로 λ번 발생한다고 할 때, 단위 시
간 혹은 공간에서 발생하는 사건의 수를 확률변수 X로 취한다면 X는 포아송 분포
(Poisson distribution)를 따르며 확률밀도함수는 다음과 같이 나타낼 수 있다.

$$f(x|\lambda) = \frac{e^{-\lambda}\lambda^x}{x!} \qquad x \in \{0,1,2,\dots\} \tag{1.11}$$

확률변수가 X가 포아송 분포를 따를 때 $X \sim Poi(\lambda)$로 나타내며 평균과 분산은 다음과
같다.

$$E(x|\lambda) = \lambda , \ Var(x|\lambda) = \lambda \tag{1.12}$$

포아송 분포는 이항분포의 특수한 형태로 생각될 수 있다. 즉, 이항분포 $X \sim B(n,\theta)$
를 따르는 확률변수 X에 대해 n이 대단히 크고 θ가 대단히 작다면 다음과 같이
$X \sim Poi(n\theta)$로 근사될 수 있다. 식 1.3에서 $\theta = \lambda/n$으로 두면

$$f(x|\theta) = \frac{n!}{(n-x)!x!}\theta^x(1-\theta)^{n-x} = \frac{n!}{(n-x)!x!}\left(\frac{\lambda}{n}\right)^x\left(1-\frac{\lambda}{n}\right)^{n-x} \tag{1.13}$$

$$= \frac{n}{n}\cdot\frac{n-1}{n}\cdots\frac{n-x+1}{n}\cdot\frac{\lambda^x}{x!}\left(1-\frac{\lambda}{n}\right)^n\left(1-\frac{\lambda}{n}\right)^{-x}$$

위의 식에서 x와 λ는 고정하고 $n\to\infty$ 일 때 극한값을 구하면

$$\lim_{n\to\infty}f(x|\theta) = \frac{e^{-\lambda}\lambda^x}{x!} \qquad (\lambda = n\theta)$$

이 된다. 평균이 10인 포아송 분포를 따르는 확률변수 X의 확률분포를 살펴보기 위해 다음의 R 코드를 이용해 보자.

```
set.seed(1234)
x = rpois(1000, lambda=10)
x11() # 그림 1.6
hist(x,prob=T,xlab="X",main="",breaks=seq(0,30,0.5))
round(mean(x),3)   # X의 평균
[1] 9.951
round(var(x),3)   # X의 분산
[1] 9.987
# 식 1.11의 확률밀도함수를 이용한 X의 분포계산
x1=seq(0,30,1)
fx=dpois(x1,lambda=10)
lines(x1,fx,lwd=2)
```

위의 코드에서 rpois 함수는 포아송 분포로부터 표본을 추출하는 함수이다. 1,000개의 표본을 통해 계산된 확률변수 X의 평균과 분산은 각각 9.951과 9.987이며, 식 1.12에 의해 이론적으로 계산되는 평균과 분산인 10에 좋은 수렴을 보인다. 그림 1.6은 시뮬레이션과 식 1.11의 확률밀도함수를 통해 얻어진 확률변수 X의 확률분포를 나타낸다.

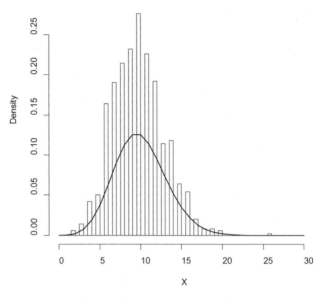

그림 1.6 포아송 분포 $Poi(10)$에 대한 시뮬레이션(히스토그램)과 확률밀도함수(실선)를 통해 계산된 확률변수 X의 확률분포.

1.2.2 연속형 분포

(1) 정규분포

확률변수 X의 확률밀도함수가 다음과 같이 주어진다면 X는 정규분포(normal distribution) 혹은 가우시안 분포(Gaussian distribution)를 따른다고 하며 $X \sim N(\mu,\sigma^2)$로 나타낸다.

$$f(x|\mu,\sigma^2) = (2\pi\sigma^2)^{-1/2} \exp\left\{-\frac{(x-\mu)^2}{2\sigma^2}\right\} \tag{1.14}$$

$$x \in (-\infty,+\infty), \mu \in (-\infty,+\infty), \sigma \in (0,+\infty)$$

여기에서 μ와 σ^2은 각각 확률변수 X의 평균과 분산에 해당한다.

$$E(x|\mu,\sigma^2) = \mu, \ Var(x|\mu,\sigma^2) = \sigma^2 \tag{1.15}$$

동일한 분포를 따르는 변수를 독립적으로 반복 측정할 때 측정치의 개수가 많으면 그 평균과 합은 변수의 분포에 상관없이 대략적으로 정규분포를 따르기 때문에 정규분포는 가장 흔히 사용되는 분포 중의 하나이다. 다음의 R 코드를 통해 평균과 분산이 각각 0과

5인 정규분포를 따르는 확률변수 X의 확률분포를 살펴보도록 하자.

```r
set.seed(1234)
x = rnorm(1e4, mean=0,sd=sqrt(5))
x11() # 그림 1.7
hist(x,prob=T,xlab="X",main="",xlim=c(-8,8), breaks=c(seq(-8,8.2,0.1)))
round(mean(x),3) # X의 평균
[1] 0.014
round(var(x),3)  # X의 분산
[1] 4.876
# 식 1.14의 확률밀도함수를 이용한 X의 분포계산
x1=seq(-8,8,length=100)
fx=dnorm(x1,0,sqrt(5))
lines(x1,fx,lwd=2)
```

위의 코드에서 rnorm 함수는 정규분포로부터 표본을 추출하는 함수이다. 10,000개의 표본을 통해 계산된 확률변수 X의 평균과 분산은 각각 0.014와 4.876으로서 실제의 평균 0과 분산 5에 근접함을 알 수 있으며, 그림 1.7에서 보는 바와 같이 시뮬레이션과 식 1.14의 확률밀도함수를 통해 얻어진 확률변수 X의 분포는 좋은 일치를 보여준다.

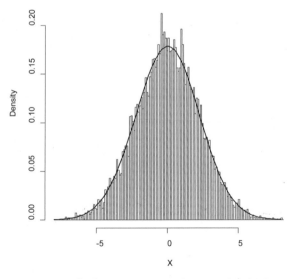

그림 1.7 정규분포 $N(0,5)$에 대한 시뮬레이션(히스토그램)과 확률밀도함수(실선)를 통해 계산된 확률변수 X의 확률분포.

(2) 베타 분포

확률변수 X가 0과 1 사이의 실수값을 가지며 양의 상수 α, β에 대해 다음과 같은 확률 밀도함수를 가질 때 X는 베타 분포(beta distribution)를 따른다고 하며 $X \sim Beta(\alpha, \beta)$ 와 같이 나타낸다.

$$f(x|\alpha, \beta) = \frac{\Gamma(\alpha + \beta)}{\Gamma(\alpha)\Gamma(\beta)} x^{\alpha-1}(1-x)^{\beta-1} \tag{1.16}$$

$$x \in (0,1), \ \alpha \in (0, +\infty), \beta \in (0, +\infty)$$

여기에서 $\Gamma(\cdot)$는 감마 함수로서 양의 상수 α에 대하여 다음과 같이 정의된다.

$$\Gamma(\alpha) = \int_0^\infty t^{\alpha-1} e^{-t} dt \tag{1.17}$$

또한, 감마함수는 $\Gamma(\alpha) = (\alpha-1)\Gamma(\alpha-1)$의 성질을 가지며 α가 자연수이면 $\Gamma(\alpha) = (\alpha-1)!$로 나타낼 수 있다. 베타 분포를 따르는 확률변수 X의 평균과 분산은 다음과 같다.

$$E(x|\alpha, \beta) = \frac{\alpha}{\alpha + \beta}, \quad Var(x|\alpha, \beta) = \frac{\alpha\beta}{(\alpha + \beta)^2(\alpha + \beta + 1)} \tag{1.18}$$

베타분포에서 확률변수의 범위는 $0 \le X \le 1$으로서 제조공정에서 불량품의 비율 혹은 경기에서 성공확률 등과 같이 0과 1 사이의 값을 가지는 비율에 대한 확률모형으로 사용 될 수 있다. 다음의 R 코드를 통해 $\alpha = 2, \beta = 2$인 베타분포 $Beta(2,5)$를 따르는 확률변수 X의 확률분포를 살펴보도록 하자.

```
set.seed(1234)
x = rbeta(1e4,2,5)
x11() # 그림 1.8
hist(x,prob=T,xlab="X",main="",xlim=c(0,1),breaks=seq(0,1,0.01))
round(mean(x),3) # X의 평균
[1] 0.288
round(var(x),3)  # X의 분산
[1] 0.025
```

```
# 식 1.16의 확률밀도함수를 이용한 X의 분포계산
x1=seq(0,1,length=100)
fx=dbeta(x1,2,5)
lines(x1,fx,lwd=2)
# 식 1.2.18에 이용한 평균과 분산 계산
a=2; b=5
M=a/(a+b) ; V=a*b/((a+b)^2*(a+b+1))
round(M,3) # 평균
[1] 0.286
round(V,3) # 분산
[1] 0.026
```

위의 코드에서 rbeta 함수는 베타분포부터 표본을 추출하는 함수이다. 10,000개의 표본을 통해 계산된 확률변수 X의 평균과 분산은 각각 0.288과 0.025로서 식 1.18에 의해 계산된 평균(0.286)과 분산(0.026)에 근접함을 알 수 있다. 그림 1.8에서 보는 바와 같이 시뮬레이션과 식 1.16의 확률밀도함수를 통해 얻어진 확률변수 X의 분포는 좋은 일치를 보여준다.

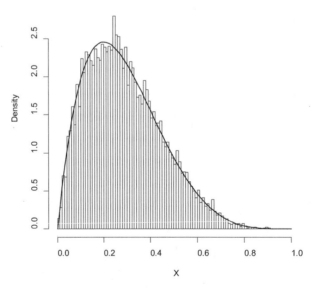

그림 1.8 베타분포 $Beta(2,5)$에 대한 시뮬레이션(히스토그램)과 확률밀도함수(실선)를 통해 계산된 확률변수 X의 확률분포.

(3) 감마분포

평균이 μ이고 분산 σ^2인 정규분포로부터 $x_1, x_2, \cdots, x_{v_0}$의 표본을 독립적으로 취하였을 때 각 표본과 평균과의 차를 제곱한 뒤 더한 값을 확률변수 X라 하면 다음과 나타낼 수 있다.

$$X = (x_1 - \mu)^2 + (x_2 - \mu)^2 + \cdots + (x_{v_0} - \mu)^2 \tag{1.19}$$

위의 식에서 확률변수 X는 양의 실수값을 가지며 감마분포를 따르게 된다. 확률변수 X가 감마분포(gamma distribution)를 따를 때 $X \sim Gamma(\alpha, \beta)$로 나타내며 확률밀도함수는 다음과 같다.

$$f(x|\alpha, \beta) = \frac{\beta^{\alpha}}{\Gamma(\alpha)} x^{\alpha-1} e^{-\beta x} \qquad x \in R^+, \alpha \in R^+, \beta \in R^+ \tag{1.20}$$

여기에서 R^+는 양의 실수를 나타내며 α와 β는 양의 상수가 된다. 감마분포를 따르는 확률변수 X의 평균과 분산은 다음과 같다.

$$E(x|\alpha, \beta) = \frac{\alpha}{\beta}, \ Var(x|\alpha, \beta) = \frac{\alpha}{\beta^2} \tag{1.21}$$

감마분포는 지수분포나 포아송 분포 등의 매개변수에 대한 공액사전분포로 사용될 수 있다. 다음의 R 코드를 이용하여 $\alpha = 2, \beta = 3$인 감마분포 $Gamma(2,3)$를 따르는 확률변수 X의 확률분포를 살펴보도록 하자.

```
set.seed(1234)
x = rgamma(1e4,2,3)
x11() # 그림 1.9
hist(x,prob=T,xlab="X",main="",xlim=c(0,5),breaks=c(seq(0,5,0.1),6,8))
round(mean(x),3) # X의 평균계산
[1] 0.669
round(var(x),3)    # X의 분산계산
[1] 0.225
# 식 1.20의 확률밀도함수를 이용한 X의 분포계산
x1=seq(0,5,length=100)
```

```
fx=dgamma(x1,2,3)
lines(x1,fx,lwd=2)
# 식 1.21을 이용한 평균과 분산의 계산
a=2; b=3
M=a/b
V=a/b^2
round(M,3) # 식 1.21에서 평균
[1] 0.667
round(V,3) # 식 1.21에서 분산
[1] 0.222
```

위의 코드에서 rgamma 함수는 감마분포부터 표본을 추출하는 함수이다. 10,000개의 표본을 통해 계산된 확률변수 X의 평균과 분산은 각각 0.669와 0.225로서 식 1.21에 의해 계산된 평균(0.667)과 분산(0.222)에 근접함을 알 수 있다. 그림 1.9에서 보는 바와 같이 시뮬레이션과 식 1.20의 확률밀도함수를 통해 얻어진 확률변수 X의 분포는 좋은 일치를 보여준다.

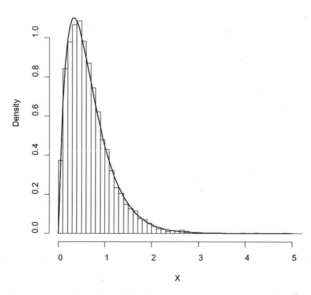

그림 1.9 감마분포 $Gamma(2,3)$에 대한 시뮬레이션(히스토그램)과 확률밀도함수(실선)를 통해 계산된 확률변수 X의 확률분포.

(4) 역감마분포

확률변수 Y가 감마분포를 따를 때 Y의 역수를 X라고 하면 X는 역감마분포(inverse gamma distribution)를 따르며 확률밀도함수는 다음과 같이 주어진다.

$$f(x|\alpha,\beta) = \frac{\beta^\alpha}{\Gamma(\alpha)} x^{-\alpha-1} e^{-\beta/x} \qquad x \in R^+, \alpha \in R^+, \beta \in R^+ \qquad (1.22)$$

즉, $Y \sim Gamma(\alpha,\beta)$일 때 $X = 1/Y$는 역감마분포를 따르며 $X \sim IGamma(\alpha,\beta)$와 같이 나타낸다. 역감마분포 $IGamma(\alpha,\beta)$에서 평균과 분산은 다음과 같다.

$$E(x|\alpha,\beta) = \frac{\beta}{(\alpha-1)} \ (\alpha > 1), \ Var(x|\alpha,\beta) = \frac{\beta^2}{(\alpha-1)^2(\alpha-2)} \ (\alpha > 2) \qquad (1.23)$$

시뮬레이션을 통해 역감마분포 확률밀도함수를 작성하고 싶다면 rinvgamma 함수를 이용하면 된다. 다음의 R 코드를 이용하여 $\alpha = 5, \beta = 10$인 역감마분포 $IGamma(5,10)$를 따르는 확률변수 X의 확률분포를 살펴보도록 하자.

```
require(invgamma) # 역감마분포함수 사용을 위한 패키지
set.seed(1234)
x = rinvgamma(1e6,5,10)
x11() # 그림 1.10
hist(x,prob=T,xlab="X",main="",xlim=c(0,15),breaks=c(seq(0,15,0.1),40,60))
round(mean(x),3) # X의 평균
[1] 2.5
round(var(x),3)  # X의 분산
[1] 2.063
식 1.22의 확률밀도함수를 이용한 X의 분포계산
x1=seq(0,15,length=100)
fx=dinvgamma(x1,5,10)
lines(x1,fx,lwd=2)
a=5; b=10
# 식 1.23을 이용한 평균과 분산의 계산
M=b/(a-1)
V=b^2/((a-1)^2*(a-2))
```

```
round(M,3) # 식 1.23에서 평균
[1] 2.5
round(V,3)  # 식 1.23에서 분산
[1] 2.083
```

위의 코드에서 역감마분포에 대한 함수 rinvgamma와 dinvgamma는 R 패키지 "inv-gamma"에 들어있으므로 이들 함수를 사용하기 전에 이 패키지를 설치해야 된다. 10^6개의 표본을 통해 계산된 확률변수 X의 평균과 분산은 각각 2.5와 2.063으로서 식 1.23에 의해 계산된 평균(2.57)과 분산(2.083)에 근접함을 알 수 있다. 그림 1.10에서 보는 바와 같이 시뮬레이션과 식 1.22의 확률밀도함수를 통해 얻어진 확률변수 X의 분포는 좋은 일치를 보여준다.

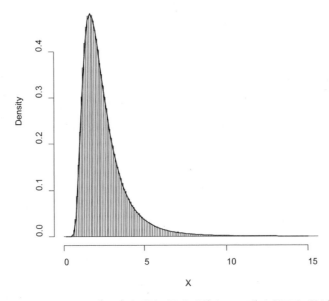

그림 1.10 역감마분포 $IGamma(5,10)$에 대한 시뮬레이션(히스토그램)과 확률밀도함수(실선)를 통해 계산된 확률변수 X의 확률분포.

(5) 카이제곱 분포

정규분포로부터 $x_1, x_2, \cdots, x_k$ 의 표본을 독립적으로 취하였을 때 각 표본의 제곱의 합을 확률변수 X라 하면 다음과 나타낼 수 있다.

$$X = x_1^2 + x_2^2 + \cdots + x_k^2 \tag{1.24}$$

위의 식에서 확률변수 X는 자유도가 k인 카이제곱-분포(χ^2-distribution)를 따르고 $X \sim Chisq(k)$로 나타내며 확률밀도함수는 다음과 같다.

$$f(x|k) = \frac{(1/2)^{k/2}}{\Gamma(k/2)} x^{k/2-1} e^{-(1/2)x} \qquad x \in [0, +\infty), k \in \{1, 2, \dots\} \tag{1.25}$$

식 1.25는 감마분포의 확률밀도함수(식 1.2.20)에서 α 대신에 $k/2$를, β 대신 $1/2$을 대입하면 얻어지므로 χ^2-분포는 감마분포의 특별한 경우라고 할 수 있다. 자유도가 k인 χ^2-분포에서 평균과 분산은 다음과 같다.

$$E(x|k) = k, \quad Var(x|k) = 2k \tag{1.26}$$

χ^2-분포는 신뢰구간이나 가설검증 등에 자주 사용된다. 다음의 R 코드를 이용하여 자유도가 20인 χ^2-분포 $Chisq(20)$를 따르는 확률변수 X의 확률분포를 살펴보도록 하자.

```
set.seed(1234)
x = rchisq(1e5,20)
x11() # 그림 1.11
hist(x,prob=T,xlab="X",main="",xlim=c(0,50),breaks=seq(0,60,0.5))
round(mean(x)) # X의 평균
[1] 19.991
round(var(x),3)  # X의 분산
[1] 39.558
# 식 1.25의 확률밀도함수를 이용한 X의 분포계산
x1=seq(0,50,length=100)
fx=dchisq(x1,20)
lines(x1,fx,lwd=2)
```

위의 코드에서 rchisq 함수는 χ^2-분포로부터 표본을 추출하는 함수이다. 10^5개의 표본을 통해 계산된 확률변수 X의 평균과 분산은 각각 19.991과 39.558으로서 식 1.26에 의해 계산된 평균(20)과 분산(40)에 근접함을 알 수 있다. 그림 1.11에서 보는 바와 같이 시뮬레이션과 식 1.25의 확률밀도함수를 통해 얻어진 확률변수 X의 분포는 좋은 일치를 보여준다.

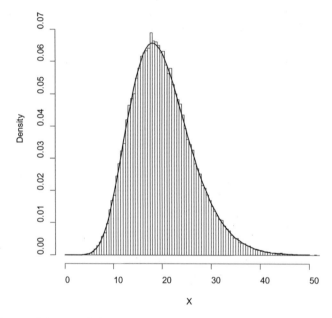

그림 1.11 χ^2–분포 $Xsq(20)$에 대한 시뮬레이션(히스토그램)과 확률밀도함수(실선)를 통해 계산된 확률변수 X의 확률분포.

(6) F 분포

두 확률변수 Y_1, Y_2 가 각각 자유도 k_1, k_2이고 서로 독립인 χ^2-분포를 따를 때 $Y_1 k_1 / Y_2 k_2$를 확률변수 X라고 하면 X는 자유도가 (k_1, k_2)인 F 분포(F distribution)를 따른다고 하며 $X \sim F(k_1, k_2)$와 같이 나타낸다. 자유도가 k_1, k_2가 주어질 때 F 분포의 확률밀도함수는

$$f(x|k_1,k_2) = \frac{\Gamma\left(\dfrac{k_1+k_2}{2}\right)}{\Gamma\left(\dfrac{k_1}{2}\right)\Gamma\left(\dfrac{k_2}{2}\right)}\left(\frac{k_1}{k_2}\right)^{\left(\frac{k_1}{2}\right)} x^{\frac{k_1}{2}-1}\left(1+\frac{k_1}{k_2}x\right)^{-\frac{k_1+k_2}{2}} \quad x \in R^+ \tag{1.27}$$

이 된다. 여기에서 k_1, k_2는 양의 정수이며, $F(k_1, k_2)$ 분포에서 평균과 분산은 다음과 같이 주어진다.

$$E(x|k_1, k_2) = \frac{k_2}{k_2 - 2} \quad (k_2 > 2), \, Var(x|k_1, k_2) \tag{1.28}$$

$$= \frac{2k_2^2(k_1 + k_2 - 2)}{k_1(k_2 - 2)^2(k_2 - 4)} \quad (k_2 > 4)$$

F 분포는 F-검증과 분산분석에서 주로 사용된다. 다음의 R 코드를 이용하여 $k_1 = 15$, $k_2 = 20$인 F 분포 $F(15, 20)$를 따르는 확률변수 X의 확률분포를 살펴보도록 하자.

```
set.seed(1234)
x = rf(1e5,15,20)
x11() # 그림 1.12
hist(x,prob=T,xlab="X",main="",xlim=c(0,6),breaks=seq(0,10,0.1))
round(mean(x),3)  # X의 평균
[1] 1.112
var(x)   #  X의 분산
[1] 0.341
# 식 1.27의 확률밀도함수를 이용한 X의 분포계산
x1=seq(0,10,length=100)
fx=df(x1,15,20)
lines(x1,fx,lwd=2)
k1=15; k2=20
M=k2/(k2-2) ; V=2*k2^2*(k1+k2-2)/(k1*(k2-2)^2*(k2-4))
round(M,3)  # 식 1.28에서 평균
[1] 1.111
round(V,3)  # 식 1.28에서 분산
[1] 0.34
```

위의 코드에서 rf 함수는 F-분포로부터 표본을 추출하는 함수이다. 10^5개의 표본을 통해 계산된 확률변수 X의 평균과 분산은 각각 1.112과 0.341이며, 식 1.28에 의해 계산된 평균(1.111)과 분산(0.34)에 근접함을 알 수 있다. 그림 1.12에서 보는 바와 같이 시뮬레이션과 식 1.27의 확률밀도함수를 통해 얻어진 확률변수 X의 분포는 좋은 일치를 보여준다.

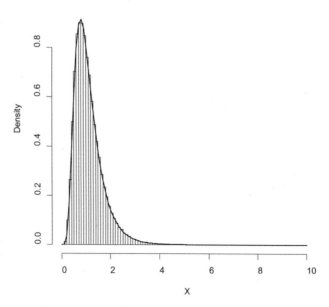

그림 1.12 F–분포 $F(15, 20)$에 대한 시뮬레이션(히스토그램)과 확률밀도함수(실선)를 통해
계산된 확률변수 X의 확률분포.

(7) 스튜던트 t-분포

평균이 μ이고 분산이 σ^2인 정규분포로부터 독립적으로 추출된 n개의 표본을
$x_1, x_2, \cdots, x_n$ 이라고 할 때 이들의 평균 $\overline{x}$와 분산 S^2은 다음과 같이 주어진다.

$$\overline{x} = \frac{1}{n}\sum_{i=1}^{n} x_i \;,\; S^2 = \frac{1}{n-1}\sum_{i=1}^{n}\left(x_i - \overline{x}\right)^2 \tag{1.29}$$

이 때 $(\overline{x} - \mu)/S$를 확률변수 X라고 하면 X는 자유도 ν가 $n-1$인 스튜던트 t-분포
(Student's t distribution)를 따르며 확률밀도함수는

$$f(x|\nu) = \frac{\Gamma\left(\dfrac{\nu+1}{2}\right)}{\sqrt{\nu\pi}\,\Gamma\left(\dfrac{\nu}{2}\right)}\left(1+\frac{x^2}{\nu}\right)^{-\frac{\nu+1}{2}} \quad x \in (-\infty, \infty), \nu \in R^+ \tag{1.30}$$

이 된다. 자유도가 ν인 스튜던트 t-분포를 따를 때 $X \sim t(\nu)$로 나타내며 확률변수 X의
평균과 분산은 다음과 같다.

$$E(x|\nu) = 0 \quad (\nu > 1), \; Var(x|\nu) = \frac{\nu}{\nu - 2} \;\; (\nu > 2) \tag{1.31}$$

스튜던트 t-분포는 간단히 t-분포로 불리기도 하며 정규분포를 따르는 모집단에 대한 평균의 신뢰구간 및 가설검증에 많이 활용된다. 다음의 R 코드를 이용하여 자유도가 10인 t-분포 $t(10)$을 따르는 확률변수 X의 확률분포를 살펴보도록 하자.

```
set.seed(1234)
x = rt(1e5,10)
x11() # 그림 1.13
hist(x,prob=T,xlab="X",main="",breaks=seq(-9,9,0.1))
round(mean(x),3)
[1] -0.002
round(var(x),3)
[1] 1.25
# 식 1.30의 확률밀도함수를 이용한 X의 분포계산
x1=seq(-9,9,length=100)
fx=dt(x1,10)
lines(x1,fx,lwd=2)
```

위의 코드에서 rt 함수는 t-분포로부터 표본을 추출하는 함수이다. 10^5개의 표본을 통해 계산된 확률변수 X의 평균과 분산은 각각 −0.002와 1.25이며, 식 1.28에 의해 계산된 평균(0)과 분산(1.25)에 근접함을 알 수 있다. 그림 1.13에서 보는 바와 같이 시뮬레이션과 식 1.30의 확률밀도함수를 통해 얻어진 확률변수 X의 분포는 좋은 일치를 보여준다.

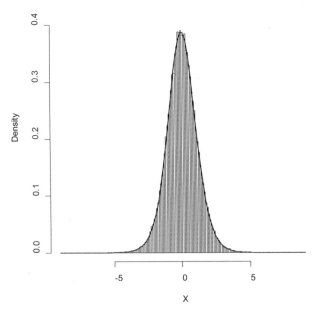

그림 1.13 t-분포 $t(10)$에 대한 시뮬레이션(히스토그램)과 확률밀도함수(실선)를 통해 계산된 확률변수 X의 확률분포.

예제 1-2   확률변수 X가 정규분포 $N(0,2)$를 따를 때 다음의 물음에 답하여라.

① 확률변수 X가 -0.5 이하의 값을 취할 확률, 즉 $p(X \leq -0.5)$을 계산하여라.

풀이   pnorm 함수를 이용해서 계산하면

```
P=pnorm(-1/2,mean=0,sd=sqrt(2))
round(P,3)
[1] 0.362
```

② 정규분포의 왼쪽 꼬리로부터 25%에 위치하는 확률변수 X의 값은 얼마인가?

풀이   qnorm 함수를 이용해서 계산하면

```
Q=qnorm(0.25,mean=0,sd=sqrt(2))
round(Q,3)
[1] -0.954
```

③ $X=1$일 때의 확률밀도함수의 값은 얼마인가?

풀이 dnorm 함수를 이용하여 계산하면

```
D=dnorm(1,mean=0,sd=sqrt(2))
round(D,3)
[1] 0.22
```

TIP 정규분포와 관련된 R의 함수

pnorm, qnorm, dnorm, rnorm 함수는 각각 정규분포의 누적확률(p), 백분위수(q), 확률밀도함수(d), 랜덤추출(r)과 관련된 함수로서 R을 설치할 때 디폴트로 설치되는 "stats" 패키지에 들어있으며 require()나 library()와 같은 함수를 통한 패키지의 로딩없이 바로 사용할 수 있다.

예제 1-3 $Beta(0.8, 0.8)$, $Beta(2,3)$, $Beta(3,2)$에 대한 그래프를 작성하고 비교해 보라.

풀이 다음의 R 코드를 이용해 보자.

```
n=100
alpha=c(0.8,2,3)
beta=c(0.8,3,2)
q=list()
y=list()
for( i in 1:3) {
  q[[i]]=qbeta(ppoints(n),alpha[i],beta[i])
  y[[i]]=dbeta(q[[i]],alpha[i],beta[i])
}
x11() # 그림 E1.3
plot(q[[1]],y[[1]],xlim=range(q[[1]]),ylim=range(y[[1]]),type="l",
     xlab="X",ylab="density",lwd=2,lty=1)
lines(q[[2]],y[[2]],lty=2,lwd=2)
lines(q[[3]],y[[3]],lty=3,lwd=2)
legend(locator(1),c("Beta(0.8,0.8)","Beta(2,3)","Beta(3,2)"), lty=1:3,lwd=2)
```

위의 코드에서 ppoints 함수는 확률을 생성하는 함수로서 ppoints(n)은 n개의 확률을 크기 순서대로 생성한다. qbeta 함수는 확률을 인수로 취한 뒤 분위수를 반환하며, dbeta 함수는 분위수를 인수로 취하여 확률밀도함수값을 반환한다. 간단한 예를 들어보면 다음과 같다.

```
P=ppoints(5)
P  # 확률
[1] 0.1190476 0.3095238 0.5000000 0.6904762 0.8809524
Q=qbeta(P,2,3)
Q # P에 대응하는 분위수
[1] 0.1572165 0.2778740 0.3857276 0.5019881 0.6579106
D=dbeta(Q,2,3)
D # Q에 대응하는 확률밀도함수값
[1] 1.3400206 1.7388221 1.7465619 1.4940121 0.9239052
```

legend 함수의 인수로 사용된 locator 함수는 작성된 그래프에 범례의 위치를 마우스로 선택할 수 있도록 해 준다. 그림 E1.3에서 보는 바와 같이 $Beta(2,3)$과 $Beta(3,2)$는 대칭임을 알 수 있다.

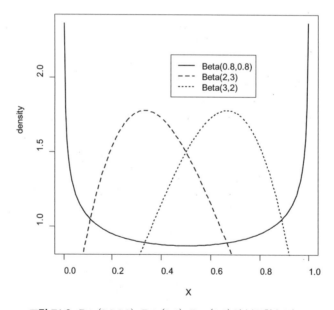

그림 E1.3 $Beta(0.8,0.8)$, $Beta(2,3)$, $Beta(3,2)$의 분포함수 비교.

TIP   **R에서 제공되고 있는 주요 분포함수의 종류**

분포함수	확률밀도함수값	누적확률	분위수값	랜덤추출	패키지
이항분포	dbinom	pbinom	qbinom	rbinom	stats
음이항분포	dnbinom	pnbinom	qnbinom	rnbinom	stats
기하분포	dgeom	pgeom	qgeom	rgeom	stats
초기하분포	dhyper	phyper	qhyper	rhyper	stats
포아송분포	dpois	ppois	qpois	rpois	stats
정규분포	dnorm	pnorm	qnorm	rnorm	stats
베타분포	dbeta	pbeta	qbeta	rbeta	stats
감마분포	dgamma	pgamma	qgamma	rgamma	stats
역감마분포	dinvgamma	pinvgamma	qinvgamma	rinvgamma	invgamma
χ^2-분포	dchisq	pchisq	qchisq	rchisq	stats
F-분포	df	pf	qf	rf	stats
스튜던트 t-분포	dt	pt	qt	rt	stats
균일분포	dunif	punif	qunif	runit	stats
지수분포	dexp	pexp	qexp	rexp	stats
코시분포	dcauchy	pcauchy	qcauchy	rcauchy	stats
베이불분포	dweibull	pweibull	qweibull	rweibull	stats
로지스틱분포	dlogis	plogis	qlogis	rlogis	stats

※ "stats" 패키지는 디폴트로 설치 및 로딩되기 때문에 이 패키지에 속한 함수들은 바로 사용할 수가 있다. 하지만, 역감마분포와 관련된 함수들의 경우는 "invgamma" 패키지를 설치한 후 library()나 require() 함수를 이용하여 패키지를 로딩한 후 사용할 수 있다.

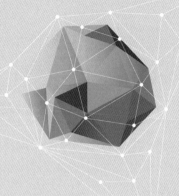

CHAPTER **2**

베이즈 통계 기초

2.1 베이즈 정리

2.2 연속변수에 대한 베이즈 정리

2.1   베이즈 정리

베이즈 통계는 베이즈 정리 혹은 조건부 확률에 기초를 두고 있다. 사건 A와 B가 둘 다 일어날 확률은 사건 A가 일어날 확률에다가 사건 A가 일어난 것을 전제로 하였을 때 사건 B의 조건부 확률을 곱한 것이 되며 다음과 같이 나타낼 수 있다.

$$P(A \cap B) = P(A)P(B|A) \tag{2.1}$$

위의 식을 재배열하여 사건 B의 조건부 확률에 대해 정리하면

$$P(B|A) = \frac{P(A \cap B)}{P(A)} \tag{2.2}$$

이 되며 이를 베이즈 정리(Bayes' theorem)라고 한다. 또한, $P(A \cap B) = P(B)P(A|B)$ 이 므로 식 2.2에 대입하면 다음과 같은 식을 얻을 수 있다.

$$P(B|A) = \frac{P(B)P(A|B)}{P(A)} \tag{2.3}$$

위의 식에서 우변의 $P(B)$는 B의 사전 확률로서 사건 A에 대한 어떠한 정보도 갖지 않지만 좌변의 $P(B|A)$는 사건 A가 참인 조건에서 사건 B가 일어날 확률로 해석될 수 있다. 이러한 의미에서 $P(B)$는 사전확률(prior probability), $P(B|A)$는 사후확률(posterior probability)이라고 부른다. 식 2.3에서 우변의 $P(A|B)$는 사건 B가 참인 조건에서 사건 A의 조건부 확률로도 해석할 수 있지만, 사건 B가 참일 때 사건 A가 일어날 가능성으로도 해석될 수 있기 때문에 사건 A의 우도(likelihood)라고 부르기도 한다. 따라서 베이즈 정리는 다음과 같이 나타낼 수도 있다.

$$사후확률 \propto 사전확률 \times 우도 \tag{2.4}$$

베이즈 정리에서 조건부 확률은 상황에 따라 사후확률 혹은 우도로 해석될 수 있음을 기억하자. k개의 사건들의 집합 $\{B_1, B_2, \cdots, B_k\}$에서 $B_1, \cdots, B_k$가 서로 배반사건이고 $A \subseteq \bigcup_{i=1}^{k} B$ 를 만족하면 베이즈 정리는 다음과 같이 k개의 사건에 대한 조건부 확률으로 확장될 수 있다.

$$P(B_i|A) = \frac{P(A \cap B_i)}{P(A)} = \frac{P(A \cap B_i)}{\sum_{i=1}^{k} P(A \cap B_i)} = \frac{P(B_i)P(A|B_i)}{\sum_{i=1}^{k} P(B_i)P(A|B_i)} \tag{2.5}$$

예제 2-1 어떤 질병에 걸렸는지 검사하는 의료검사의 효율성을 평가하기 위해서 거짓 음성(false negative)와 거짓 양성(false positive)의 확률을 조사한다. 검사의 민감도(sentivity)는 질병에 걸린 사람이 검사에서 양성을 보일 확률로서 $P(T^+|D^+)$로 나타낼 수 있으며 검사의 특이도(specificity)는 질병이 걸리지 않은 사람이 검사에서 음성을 보일 확률로서 $P(T^-|D^-)$로 나타낼 수 있다. 일반 대중에 대해 이 질병이 걸릴 확률이 0.0001이라면 검사결과가 거짓 양성을 보일 확률을 계산하여라. 민감도와 특이도는 모두 0.99이다. T^+와 T^-는 각각 검사결과의 양성과 음성을, D^+와 D^-는 각각 질병에 걸린 상태와 걸리지 않은 상태를 나타낸다.

풀이 민감도와 특이도는 검사 대상자의 질병 유무에 대한 정보가 있는 상태에서 검사결과의 정확성을 판단하기 위해서 사용된다. 반면에 거짓 음성 혹은 거짓 양성은 검사결과가 주어진 상태에서 검사 대상자가 실제로 병에 걸렸는지 아닌지에 대한 가능성을 판단하는 데 사용된다. 예를 들어, 거짓 양성은 검사 결과가 "질병 있음"으로 나왔지만 실제로는 병이 없는 상태를 의미한다.

민감도와 특이도가 0.99이므로 $P(T^+|D^+) = P(T^-|D^-) = 0.99$가 된다. 거짓 양성은 질병이 없는 사람이 검사를 받았을 때 양성(질병 있음)으로 판정되는 경우로서 다음과 같이 나타낼 수 있다.

$$P(D^-|T^+) = \frac{P(D^-)P(T^+|D^-)}{P(T^+)}$$

$P(D^-)$는 질병에 걸리지 않았을 확률로서 $1 - P(D^+)$로 둘 수 있으며 $P(D^+)$는 질병에 걸릴 확률로서 문제에서 0.0001로 둘 수 있다. 검사결과 양성인 확률, 즉 $P(T^+)$는 다음과 같이 계산된다.

$$\begin{aligned} P(T^+) &= P(D^+)P(T^+|D^+) + P(D^-)P(T^+|D^-) \\ &= 0.0001*0.99 + (1-0.0001)*(1-0.99) = 0.010098 \end{aligned}$$

따라서

$$P(D^-|T^+) = \frac{(1-0.0001)*0.01}{0.010098} = 0.9901961$$

만약 질병에 걸린 사람이 양성 판정을 받을 확률 $P(D^+|T^+)$ 을 알고 싶다면 다음과 같이 계산할 수 있다.

$$P(D^+|T^+) = \frac{P(D^+)P(T^+|D^+)}{P(T^+)} = \frac{0.0001*0.99}{0.010098} = 0.009803922$$

검사결과가 양성이 나왔을 때 질병에 걸렸을 확률인 $P(D^+|T^+)$는 매우 작은 값이지만 $P(D^+)$ 보다는 약 100배정도 크다. 이것은 검사를 결과가 양성으로 나옴으로써 질병에 걸렸을 경우가 100배로 커진 것을 의미한다.

예제 2-2 동일한 제품을 A 공장에서 500개, B 공장에서 1,000개를 생산하여 동일한 창고에 보관해 두었다. A와 B 공장에서 만들어진 제품의 불량률은 각각 10%, 15%라고 한다. 1,500개의 제품이 보관된 창고에서 임의로 하나의 제품을 꺼내어 조사한 결과 불량이었다면 이 제품이 A 공장에서 제조되었을 확률은 얼마인가?

풀이 창고에서 A 공장의 제조품을 꺼낼 확률을 $p(A)$, B 공장의 제조품을 꺼낼 확률을 $p(B)$라고 하면 $p(A) = 500/1500 = 1/3$, $p(B) = 1000/1500 = 2/3$이 된다. 또한, 불량인 경우를 F로 나타낸다면 $p(F|A) = 0.1, p(F|B) = 0.15$이 된다. 따라서 $p(A|F)$는 다음과 같이 계산될 수 있다.

$$p(A|F) = \frac{p(F|A)p(A)}{p(F)} = \frac{p(F|A)p(A)}{p(F|A)p(A) + p(F|B)p(B)}$$

$$= \frac{(0.1)(1/3)}{(0.1)(1/3) + (0.15)(2/3)} = 0.25$$

2.2   연속변수에 대한 베이즈 정리

베이즈 정리는 이산적인 확률변수뿐만 아니라 연속확률변수에도 적용될 수 있다. 매개변수 θ를 가지는 어떤 분포로부터 발생하는 연속확률변수를 x라고 할 때 베이즈 정리는 다음과 같이 나타낼 수 있다.

$$p(\theta|x) = \frac{p(\theta)p(x|\theta)}{p(x)} \tag{2.6}$$

식 2.6의 우변에서 $p(\theta)$는 매개변수 θ에 대한 사전정보를 나타내는 사전분포(prior distribution)에 해당하며, $p(x|\theta)$는 확률변수 x가 θ를 매개변수로 하는 분포로부터 관측될 가능성, 즉 우도(likelihood)를 나타낸다. 분모에 나타난 $p(x)$는 주변분포(marginal distribution)로서 다음과 같이 계산된다.

$$p(x) = \int p(\theta)p(x|\theta)d\theta \tag{2.7}$$

식 2.6에서 좌변의 $p(\theta|x)$는 확률변수 x가 주어질 때 θ의 분포로서 사후분포(posterior distribution)에 해당한다. 따라서 θ의 사전지식(사전분포)과 확률변수의 값(관측치 혹은 데이터)에 대한 우도함수는 매개변수 θ에 대한 (사후)정보를 얻는데 이용될 수 있음을 알 수 있다. 관측치(데이터) 혹은 표본 x_i가 고정되는 우도함수는 분포함수와 매개변수에 의존하는 함수로서 $f(x|\theta)$ 혹은 $L(\theta|x)$로 나타낸다. 독립적이고 랜덤하게 추출된 확률변수 $x_1, x_2, ..., x_n$에 대한 우도함수는 다음과 같이 결합확률밀도함수로 나타낼 수 있다.

$$p(x_1, x_2, ..., x_n|\theta) = p(x_1|\theta)p(x_2|\theta) \cdots p(x_n|\theta) = \prod_{i=1}^{n} p(x_i|\theta) \tag{2.8}$$

위의 식을 식 2.6에 적용하면

$$p(\theta|x_1, x_2, ..., x_n) = \frac{p(\theta)p(x_1, x_2, ..., x_n|\theta)}{p(x_1, x_2, ..., x_n)} \propto p(\theta)p(x_1, x_2, \cdots, x_n|\theta) \tag{2.9}$$

이 되며 $p(x_1, x_2, \cdots, x_n)$는 다음과 같이 계산된다.

$$p(x_1, x_2, ..., x_n) = \int p(\theta) p(x_1, x_2, ..., x_n | \theta) d\theta \tag{2.10}$$

식 2.9로 표현된 베이즈 정리는 미지의 매개변수 θ는 θ에 대한 사전정보 $p(\theta)$와 우도함수를 통해 추정될 수 있음을 보여주고 있다. 즉, 관측된 데이터 $x_1, x_2, ..., x_n$를 통해 기존에 가지고 있는 θ에 대한 정보를 갱신하는 방법을 제시하고 있다. 식 2.9는 매개변수가 복수인 경우로 다음과 같이 일반화될 수 있다.

$$p(\theta_1, \theta_2, ..., \theta_J | x_1, x_2, ..., x_n) = \frac{p(\theta_1, \theta_2, ..., \theta_J) p(x_1, x_2, ..., x_n | \theta_1, \theta_2, ..., \theta_J)}{p(x_1, x_2, ..., x_n)} \tag{2.10}$$

$$p(x_1, x_2, ..., x_n) = \int p(\theta_1, \theta_2, ..., \theta_J) p(x_1, x_2, ..., x_n | \theta_1, \theta_2, ...\theta_J) d\theta_1 d\theta_2 ... d\theta_J \tag{2.11}$$

예제 2-3 성공확률 θ가 알려지지 않은 베르누이 분포로부터 n개의 독립적인 샘플 $x_1, x_2, ..., x_n$이 얻어졌을 때 우도함수를 구하고, 우도함수가 최대가 되도록 θ를 결정하여라.

풀이 베르누이 시행에서 성공 확률은 0과 1 사이의 값되며 독립적인 시행을 통해 얻어지는 x는 0(실패), 혹은 1(성공)이 된다. 따라서 성공확률을 θ라고 하면 하나의 관측치 x에 대한 확률밀도함수는 다음과 같다.

$$p(X_i = x) = \theta^x (1-\theta)^{1-x} \qquad x \in \{0, 1\}$$

위의 식을 이용하여 $x_1, x_2, ..., x_n$에 대한 결합확률밀도함수, 즉 우도함수는 다음과 같다.

$$L(\theta|\boldsymbol{x}) = p(x_1, x_2, ..., x_n | \theta) = \prod_{i=1}^{n} \theta^{x_i} (1-\theta)^{1-x_i} = \theta^{\sum_{i=1}^{n} x_i} (1-\theta)^{n - \sum_{i=1}^{n} x_i} \tag{A}$$

우도함수를 최대일 때의 θ를 계산하기 위해서는 우도함수를 θ에 대하여 미분하는 것이 필요하다. 우도함수를 직접 미분하기보다 로그우도함수를 미분하는 것이 편리하다(자연로그함수는 단조증가 함수이므로 우도함수가 $\theta = \hat{\theta}$에서 최대가 된다면 로그우도함수도 $\theta = \hat{\theta}$에서 최대가 된다). 식 A에 로그를 취하면

$$\ln L(\theta|\boldsymbol{x}) = (\sum x_i) \ln \theta + (n - \sum x_i) \ln(1-\theta) \tag{B}$$

이 된다. 식 B를 θ에 대해 미분한 뒤 0으로 두면

$$\frac{\partial L(\theta|x)}{\partial \theta} = \frac{\sum x_i}{\theta} - \frac{(n - \sum x_i)}{1 - \theta} = 0 \qquad (C)$$

$$(1 - \theta) \sum x_i - \theta(n - \sum x_i) = 0$$

식 C를 통해 계산되는 θ의 값을 $\hat{\theta}$라고 하면

$$\hat{\theta} = \frac{\sum x_i}{n}$$

이 된다. 즉, 우도함수가 최대가 될 때의 θ의 값은 $\sum x_i / n$이 된다.

예제 2-4 평균과 분산이 알려지지 않은 정규분포로부터 n개의 독립적인 샘플 $x_1, x_2, ..., x_n$이 얻어졌을 때 우도함수를 구하고, 우도함수가 최대가 될 때의 평균과 분산을 구하여라.

풀이 샘플이 취해진 정규분포의 평균과 분산을 각각 μ, σ^2이라고 하면 $-\infty < \mu < \infty$, $\sigma \in R^+$가 되며 $-\infty < x < \infty$이 된다. 하나의 관측치 x에 대한 확률밀도함수는

$$f(x|\mu, \sigma^2) = f(x|\mu, \sigma^2) = (2\pi\sigma^2)^{-1/2} \exp\left\{ -\frac{(x - \mu)^2}{2\sigma^2} \right\}$$

이 된다. 따라서 $x_1, x_2, ..., x_n$에 대한 결합확률밀도함수, 즉 우도함수는

$$f(x_1, ..., x_n | \mu, \sigma^2) = \prod_{i=1}^{n} f(x_i | \mu, \sigma^2) = (2\pi\sigma^2)^{-n/2} \exp\left\{ -\frac{\sum_{i=1}^{n}(x_i - \mu)^2}{2\sigma^2} \right\} \qquad (A)$$

이 된다. 여기에서 $\theta_1 = \mu, \theta_2 = \sigma^2$라고 하면 식 A는 다음과 같이 나타낼 수도 있다.

$$L(\theta_1, \theta_2 | \boldsymbol{x}) = (2\pi)^{-n/2} \theta_2^{-n/2} \exp\left\{ -\frac{\sum_{i=1}^{n}(x_i - \theta_1)^2}{2\theta_2} \right\} \qquad (B)$$

우도함수가 최대가 될 때 로그우도함수도 최대가 되므로 로그우도함수의 최대화를 이용하여 θ_1과 θ_2를 계산해 보도록 하자. 식 B에 로그를 취하면

$$\ln L(\theta_1, \theta_2 | \boldsymbol{x}) = -\frac{n}{2} \ln(2\pi) - \frac{n}{2} \ln \theta_2 - \frac{\sum(x_i - \theta_1)^2}{2\theta_2} \qquad (C)$$

이 된다. 로그우도함수가 최대가 될 때의 θ_1과 θ_2를 계산하기 위해 식 C를 θ_1과 θ_2에 대해 각각 미분해서 0으로 두면

$$\frac{\partial L(\theta_1,\theta_2|\boldsymbol{x})}{\partial \theta_1} = -\frac{2\sum(x_i - \theta_1)}{2\theta_2}(-1) = 0 \quad \Rightarrow \quad \hat{\theta}_1 = \frac{\sum x_i}{n} = \overline{x}$$

$$\frac{\partial L(\theta_1,\theta_2|\boldsymbol{x})}{\partial \theta_2} = -\frac{n}{2\theta_2} + \frac{\sum(x_i - \theta_1)^2}{2\theta_2^2} = 0 \quad \Rightarrow \quad \hat{\theta}_2 = \frac{\sum(x_i - \theta_1)^2}{n} = \frac{\sum(x_i - \overline{x})^2}{n}$$

따라서 $\mu = \hat{\theta}_1 = \overline{x}, \sigma^2 = \hat{\theta}_2$일 때 우도함수가 최대가 됨을 알 수 있다. 이와 같이 우도함수를 최대화하는 방법을 통해 매개변수를 추정하는 방법을 최대우도법 (maximum likelihood estimation)이라고 한다. 최대우도법은 추정하고자 하는 매개변수에 대한 사전정보가 없는 상황에서 매개변수를 추정할 때 자주 사용된다.

예제 2-5 평균과 분산을 모르는 정규분포를 따르는 모집단으로부터 다음과 같은 표본을 얻었다. 최대우도법을 이용하여 모집단의 평균과 분산을 추정하여라.

$X = \{3, 6, 4, 8, -2, -1, 0\}$

풀이 모집단의 평균(μ)을 θ_1, 분산(σ^2)을 θ_2라고 하면 정규분포를 따르므로 우도함수 및 로그우도함수는 다음과 같다.

$$L(\theta_1,\theta_2|\boldsymbol{x}) = (2\pi)^{-n/2}\theta_2^{-n/2}\exp\left\{-\frac{\sum_{i=1}^{n}(x_i - \theta_1)^2}{2\theta_2}\right\} \tag{A}$$

$$\ln L(\theta_1,\theta_2|\boldsymbol{x}) = -\frac{n}{2}\ln(2\pi) - \frac{n}{2}\ln\theta_2 - \frac{\sum(x_i - \theta_1)^2}{2\theta_2} \tag{B}$$

여기에서 n은 표본의 개수가 된다. 우도함수가 최대가 될 때 로그우도함수도 최대가 되므로 로그우도함수를 최대일 때의 θ_1과 θ_2를 계산하면 된다. 예제 2-4에서 유도된 공식을 이용해도 되지만 여기서는 수치적 방법을 통해 계산해 보자. 식 B에서 우변의 첫째항은 θ_1과 θ_2와 무관하게 일정하므로 우도함수의 최대화에 영향을 미치지 않는다. 따라서 다음의 함수를 최대화시키는 θ_1, θ_2를 계산하면 된다.

$$obj = -\frac{n}{2}\ln\theta_2 - \frac{\sum(x_i - \theta_1)^2}{2\theta_2} \tag{C}$$

R에서 제공되는 optim 함수는 목적함수(objective function)가 최소값을 가지도록 매개변수를 찾는 기능이 있다. 이 함수를 사용하여 목적함수가 최대값을 가질 때의 매개변수를 찾고 싶다면 목적함수 앞에 음의 부호를 붙이고 계산하면 된다. 다음의 R 코드를 이용해 식 C가 최대가 될 때의 매개변수 θ_1, θ_2를 계산해 보자.

```
x = c(3,6,4,8,-2,-1,0)
likelih=function(theta) {  #   -obj (식 C 참조)
   sum ( 0.5*log(theta[2])+0.5*(x-theta[1])^2/theta[2] )
 }
res=optim(theta<-c(0,1), likelih, hessian=TRUE) # θ₁과 θ₂의 초기값을 각각 0,1로 둠
round(res$par,3)  # 추정된 매개변수 (순서대로 θ₁, θ₂)
```
```
[1]  2.572 11.952
```

위의 결과에서 보는 것과 같이 우도함수가 최대일 때의 평균과 분산은 각각 $\theta_1 = \mu = 2.572$, $\theta_2 = \sigma^2 = 11.952$ 임을 알 수 있다. 목적함수의 최적화를 위해 optim 함수 대신 다음과 nlm 함수를 사용할 수도 있다.

```
res2=nlm(likelih,  theta <- c(0,1), hessian=TRUE)
round(res2$estimate,3) # 추정된 매개변수 (순서대로 θ₁, θ₂)
```
```
[1]  2.571 11.959
```

CHAPTER **3**

사전분포

3.1 무정보 사전분포

3.2 공액사전분포

3.3 하이퍼 매개변수의 추정

베이즈 정리는 관심이 있는 사건이나 변수에 대한 정보를 추정하기 위해 그 사건의 사전확률분포와 우도함수를 이용한다. 즉, 기존의 정보와 관측된 데이터를 확률 형태로 결합하여 정보를 업데이트한다고 해석할 수 있다. 사전확률분포는 기존 정보를 표현하는 데 사용되며 다음과 같은 유형으로 나누어 볼 수 있다.

- 무정보 사전분포(uninformative prior distribution)
- 공액사전분포(conjugate prior distribution)

베이즈 추론에서 다양한 분포함수들을 사전분포함수로 사용할 수 있지만 매개변수가 취하는 값의 범위를 고려해서 선택하는 것이 필요하다. 예를 들면, 베르누이 실행에서 성공의 확률 θ를 추정하고자 한다면 θ는 0과 1 사이의 값이 되어야 하므로 확률변수가 취할 수 있는 값의 범위가 0과 1 사이인 베타분포와 같은 분포함수를 선택하는 것은 적절하다. 베이즈 정리를 통한 매개변수의 추론에서 적절한 사전분포의 선택은 중요하며 여기서는 사전분포의 종류와 특징에 대해 살펴보도록 하자.

3.1 무정보 사전분포

추정하고자 하는 매개변수 θ에 대한 정보가 없다면 모든 가능한 값에 동일한 확률을 부여하는 균일분포를 사전확률분포로 선택할 수 있다.

$$p(\theta) = \begin{cases} \dfrac{1}{b-a} & a \leq \theta \leq b \qquad (-\infty < a < b < \infty) \\ 0 & \theta < a \text{ 또는 } \theta > 1 \end{cases} \tag{3.1}$$

식 3.1과 같이 정의되는 균일분포를 $\theta \sim U(a,b)$로 나타내며 확률변수 θ의 평균과 분산은 다음과 같다.

$$E(\theta) = \frac{a+b}{2}, \ Var(\theta) = \frac{(b-a)^2}{12} \tag{3.2}$$

예를 들어, 이항분포 $B(n,\theta)$에서 성공확률 θ에 대해 아무런 정보가 없다면 θ에 대해 다음과 같은 균일분포함수를 가정할 수 있다.

$$p(\theta) = \begin{cases} 1 & 0 \le \theta \le 1 \\ 0 & \theta < 0 \text{ 또는 } \theta > 1 \end{cases} \tag{3.3}$$

유사한 방법으로 평균과 분산이 알려지지 않은 정규분포에 대해서도 균일분포가 가정될 수 있다. 즉, 정규분포 $N(\mu,\sigma^2)$에서 매개변수 μ와 σ^2에 대한 아무런 정보가 없을 때 평균 μ에 대한 균일분포는 다음과 같이 나타낼 수 있다.

$$p(\mu) = \begin{cases} \dfrac{1}{2a} & -a < \mu < a \\ 0 & otherwise \end{cases} \tag{3.4}$$

여기에서 $a \to \infty$이며 모든 실수에 대해 동일한 확률을 가지므로 어떤 상수 c에 대하여 $p(\mu) \propto c$ 이 된다. 분산 σ^2의 경우를 살펴보기 전에 $x = \sigma^2$라고 하면 x는 양수가 된다. x에 로그를 취하여 $y = \ln(x)$라고 하면 확률변수 y의 범위는 실수 영역 $(-\infty,\infty)$이 된다. $p(y)$를 균일분포로 가정하면 $p(y) \propto c$가 되며 함수 y가 단조증가이므로 변수 x에서 변수 y로의 변환에 대해 $p(x)dx = p(y)dy$가 성립한다. 따라서

$$p(x) = p(y)\frac{dy}{dx} \propto \frac{1}{x} \tag{3.5}$$

이 된다. 식 3.5에서 x를 σ^2로 교체하면 $p(\sigma^2) \propto 1/\sigma^2$ 이 됨을 알 수 있다. 따라서 평균에 대한 사전분포 $p(\mu)$나 분산에 대한 사전분포 $p(\sigma^2)$는 다음과 같이 모두 유한한 적분값을 갖지 않는다.

$$\int_{-\infty}^{\infty} p(\mu)d\mu = \int_{-\infty}^{\infty} cd\mu = \infty \,, \ \int_{0}^{\infty} p(\sigma^2)d\sigma^2 = \int_{0}^{\infty} 1/\sigma^2 d\sigma^2 = \infty \tag{3.6}$$

식 3.6과 같이 적분값이 무한인 사전분포함수를 부적합(improper)하다고 한다. 비록 사전분포가 부적합이지만 그로부터 유도되는 사후분포는 밀도함수로서 적합성을 가질 수 있다. 예를 들어, 평균이 알려지지 않은 정규분포 $N(\mu,1)$로부터 독립적으로 추출된

데이터가 $x_1, x_2, \cdots, x_n$ 이라고 할 때 μ에 대한 사전분포를 균일분포 $p(\mu)=1$로 두면 사후분포 $p(\mu|x)$는 다음과 같이 나타낼 수 있다.

$$
\begin{aligned}
p(\mu|x) &\propto p(\mu)f(x_1,...,x_n|\mu) = \prod_{i=1}^{n}(2\pi)^{-1/2}\exp\left\{-\frac{(x_i-\mu)^2}{2}\right\} \\
&= (2\pi)^{-n/2}\exp\left\{-\frac{1}{2}\left(\sum x_i^2 - 2\mu\sum x_i + n\mu^2\right)\right\} \propto \exp\left\{-\frac{1}{2}\left(n\mu^2 - 2\mu\sum x_i\right)\right\} \\
&= \exp\left\{-\frac{n}{2}\left(\mu^2 - 2\mu\bar{x}\right)\right\} \propto \exp\left\{-\frac{n}{2}\left(\mu-\bar{x}\right)^2\right\}
\end{aligned}
\tag{3.7}
$$

여기에서 $\bar{x}=\sum x_i/n$이다. 식 3.7은 사후분포 $p(\mu|x)$가 $N(\bar{x}, 1/n)$에 비례하며 밀도함수로서 적합성을 지님을 알 수 있다.

균일분포 외에도 무정보 사전분포로 사용되는 분포함수로 제프리 사전밀도함수(Jeffrey's prior), 젤너의 G-사전분포(Zellner's G-prior) 등이 있다. 제프리 사전밀도함수는 다음과 같이 정의되는 피셔의 정보(Fisher's information) $I(\theta)$를 이용한다.

$$
I(\theta) = E\left[\left(\frac{\partial \ln f(x|\theta)}{\partial \theta}\right)^2 \middle| \theta\right] = -E\left[\frac{\partial^2}{\partial \theta^2}\ln f(x|\theta) \middle| \theta\right]
\tag{3.8}
$$

여기에서 $f(x|\theta)$는 우도함수이며, $I(\theta)$는 관측된 한 개의 데이터 x가 매개변수 θ에 대해 가지는 정보량을 나타낸다. 관측된 데이터가 n개이고 동일한 우도함수를 가진다면 정보의 양은 n배가 되므로 피셔 정보는 $nI(\theta)$가 된다. 제프리의 사전밀도함수는 $p(\theta) \propto \sqrt{I(\theta)}$로 주어지며 위치 혹은 척도가 아닌 임의의 매개변수 θ에 대하여 사용할 수 있다. 젤너의 G-사전분포는 회귀분석에서 계수에 대한 사전분포로 사용되며 다변량 정규분포로서 공분산 행렬은 피셔 정보행렬의 역행렬에 비례한다.

예제 3-1 균일분포 $\theta \sim U(a,b)$의 평균과 분산이 식 3.2와 같이 됨을 증명하여라.

풀이 $E(\theta) = \int \theta p(\theta)d\theta$, $E(\theta^2) = \int \theta^2 p(\theta)d\theta$, $Var(\theta) = E(\theta^2) - [E(\theta)]^2$이므로

$$E(\theta) = \int_{-\infty}^{\infty} \theta p(\theta)d\theta = \frac{1}{b-a}\int_a^b \theta d\theta = \frac{1}{b-a}\frac{b^2-a^2}{2} = \frac{a+b}{2}$$

$$E(\theta^2) = \int_{-\infty}^{\infty} \theta^2 p(\theta)d\theta = \frac{1}{b-a}\int_a^b \theta^2 d\theta = \frac{1}{b-a}\frac{b^3-a^3}{3} = \frac{a^2+ab+b^2}{3}$$

$$Var(\theta) = E(\theta^2) - [E(\theta)]^2 = \frac{a^2+ab+b^2}{3} - \left[\frac{a+b}{2}\right]^2 = \frac{a^2-2ab+b^2}{12} = \frac{(b-a)^2}{12}$$

예제 3-2 분산이 알려지지 않은 정규분포 $N(0,\sigma^2)$로부터 독립적으로 추출된 데이터가 $x_1, x_2, \cdots, x_n$이라고 할 때 분산에 대한 사전분포 $p(\sigma^2) = 1/\sigma^2$를 이용하여 사후분포 $p(\sigma^2|x)$를 추정해 보라.

풀이 사전분포 함수에 대한 적분은 $\int p(\sigma^2)d\sigma^2 = \int 1/\sigma^2 d\sigma^2 = \infty$로서 밀도함수로 부적합하지만 사후분포는 다음과 같이 역감마분포에 비례하며 밀도함수로서 적합성을 지닌다.

$$p(\sigma^2|x) \propto p(\sigma^2)f(x|\sigma^2)$$

$$= \frac{1}{\sigma^2} \cdot \prod_{i=1}^n (2\pi\sigma^2)^{-1/2} \exp\left\{-\frac{x_i^2}{2\sigma^2}\right\} \propto (\sigma^2)^{-1} \cdot (\sigma^2)^{-n/2} \exp\left\{-\frac{1}{2\sigma^2}\sum_{i=1}^n x_i^2\right\}$$

$$= (\sigma^2)^{-\frac{n}{2}-1} \exp\left\{-\frac{1}{2\sigma^2}\sum_{i=1}^n x_i^2\right\} \propto IG\left(\frac{n}{2}, \frac{1}{2}\sum_{i=1}^n x_i^2\right)$$

예제 3-3 확률변수 X의 확률밀도함수가 $f_X(x)$이고 새로운 확률변수 $Y = g(X)$가 단조증가 혹은 단조감소일 때, 확률변수 Y의 확률밀도함수 $f_Y(y)$는 다음과 주어짐을 보여라.

$$f_Y(y) = f_X\left(g^{-1}(y)\right)\left|\frac{d}{dy}\left(g^{-1}(y)\right)\right|$$

풀이 $f_Y(y)$의 누적분포함수를 $F_Y(y)$라고 하면

$$F_Y(y) = p(Y \le y) = p(g(X) \le y)$$

가 된다. $g(X)$가 단조함수이므로 역함수 $X = g^{-1}(Y)$가 존재하므로

① $y = g(x)$가 단조증가일 때

$$F_Y(y) = p(Y \le y) = p(g(X) \le y) = p(X \le g^{-1}(y)) = F_X(g^{-1}(y))$$

양변을 y에 대해 미분하면

$$\frac{d}{dy} F_Y(y) = f_Y(y), \ \frac{d}{dy} F_X(g^{-1}(y)) = f_X(g^{-1}(y)) \frac{d}{dy}(g^{-1}(y))$$

$$\to f_Y(y) = f_X(g^{-1}(y)) \frac{d}{dy}(g^{-1}(y))$$

여기에서 $F_X(\cdot)$는 $f_X(\cdot)$의 누적분포함수이다.

② $y = g(x)$가 단조감소일 때

$$F_Y(y) = p(Y \le y) = p(g(X) \le y) = p(X \ge g^{-1}(y)) = 1 - F_X(g^{-1}(y))$$

양변을 y에 대해 미분하면

$$\frac{d}{dy} F_Y(y) = f_Y(y), \ \frac{d}{dy}(1 - F_X(g^{-1}(y))) = -f_X(g^{-1}(y)) \frac{d}{dy}(g^{-1}(y))$$

$$\to f_Y(y) = -f_X(g^{-1}(y)) \frac{d}{dy}(g^{-1}(y)) = f_X(g^{-1}(y)) \left| \frac{d}{dy}(g^{-1}(y)) \right|$$

(단조감소이므로 $d(g^{-1}(y))/dy < 0$임)

위에서 ①과 ②의 결과를 요약하면 다음과 같다.

$$f_Y(y) = f_X(g^{-1}(y)) \left| \frac{d}{dy}(g^{-1}(y)) \right|$$

예제 3-4 확률변수 X가 성공확률이 θ인 베르누이 분포를 따를 때 θ에 대한 제프리의 사전밀도함수를 구하여라.

풀이 베르누이 분포를 따르므로 하나의 관측치 x에 대한 우도함수는 다음과 같이 나타낼 수 있다.

$$f(x|\theta) = \theta^x (1-\theta)^{1-x} \qquad x \in \{0, 1\}$$

따라서 로그우도함수와 θ에 미분은 다음과 같다.

$$\ln f(x|\theta) = x\ln(\theta) + (1-x)\ln(1-\theta)$$

$$\frac{d}{d\theta}\left[\ln f(x|\theta)\right] = \frac{x}{\theta} - \frac{1-x}{1-\theta}$$

$$\frac{d^2}{d\theta^2}\left[\ln f(x|\theta)\right] = -\frac{x}{\theta^2} - \frac{1-x}{(1-\theta)^2}$$

따라서 식 3.8에 의해 피셔 정보는

$$I(\theta) = -E\left[\frac{\partial^2}{\partial\theta^2}\ln f(x|\theta)\,\Big|\,\theta\right] = E\left[\frac{x}{\theta^2} + \frac{1-x}{(1-\theta)^2}\,\Big|\,\theta\right] = \frac{\theta}{\theta^2} + \frac{1-\theta}{(1-\theta)^2}$$

$$= \frac{1}{\theta} + \frac{1}{1-\theta} = \frac{1}{\theta(1-\theta)}$$

따라서 제프리의 사전밀도함수는 다음과 같다.

$$p(\theta) \propto I(\theta) = \frac{1}{\sqrt{\theta(1-\theta)}}$$

만약 n개의 관측치가 주어진다면 $I(\theta) = n/\theta(1-\theta)$가 되므로 제프리의 사전밀도함수는 다음과 같이 된다.

$$p(\theta) \propto \sqrt{\frac{n}{\theta(1-\theta)}}$$

예제 3-5 다음의 각 경우에 대하여 제프리의 사전분포를 계산하여라.

① 분산이 알려진 정규분포의 경우로서 확률밀도함수가 다음과 같을 때 평균 μ에 대한 제프리 사전분포

$$f(x|\mu) = \frac{1}{\sqrt{2\pi}\,\sigma}\exp\left\{-\frac{(x-\mu)^2}{2\sigma^2}\right\}$$

풀이 평균에 대한 제프리 사전분포를 $p(\mu)$라고 하면 식 3.8에 의해

$$p(\mu) \propto \sqrt{I(\mu)} = \sqrt{E\left[\left(\frac{d}{d\mu}\ln f(x|\mu)\right)^2\right]} = \sqrt{E\left[\left(\frac{x-\mu}{\sigma^2}\right)^2\right]}$$

$$= \sqrt{\int_{-\infty}^{\infty}f(x|\mu)\left(\frac{x-\mu}{\sigma^2}\right)^2 dx} = \frac{1}{\sigma} \propto 1$$

(분산이 알려져 있으므로 σ는 상수임)

② 평균이 알려진 정규분포의 경우로서 확률밀도함수가 다음과 같을 때 표준편차 σ에 대한 제프리 사전분포

$$f(x|\sigma) = \frac{1}{\sqrt{2\pi}\,\sigma} \exp\left\{ -\frac{(x-\mu)^2}{2\sigma^2} \right\}$$

풀이 표준편차에 대한 제프리 사전분포를 $p(\sigma)$라고 하면 식 3.8에 의해

$$p(\sigma) \propto \sqrt{I(\sigma)} = \sqrt{E\left[\left(\frac{d}{d\sigma}\ln f(x|\sigma) \right)^2 \right]} = \sqrt{E\left[\left(\frac{(x-\mu)^2 - \sigma^2}{\sigma^3} \right)^2 \right]}$$

$$= \sqrt{\int_{-\infty}^{\infty} f(x|\sigma)\left(\frac{(x-\mu)^2 - \sigma^2}{\sigma^3} \right)^2 dx} = \sqrt{\frac{2}{\sigma^2}} \propto \frac{1}{\sigma}$$

③ 확률밀도함수가 다음과 주어지는 포아송 분포에서 평균 λ에 대한 제프리 사전분포

$$f(x|\lambda) = \frac{\lambda^x}{x!}e^{-\lambda} \qquad (x\text{는 음이 아닌 정수})$$

풀이 포아송 분포에서 평균에 대한 제프리 사전분포를 $p(\lambda)$라고 하면 식 3.8에 의해

$$p(\lambda) \propto \sqrt{I(\lambda)} = \sqrt{E\left[\left(\frac{d}{d\lambda}\ln f(x|\lambda) \right)^2 \right]} = \sqrt{E\left[\left(\frac{x-\lambda}{\lambda} \right)^2 \right]}$$

$$= \sqrt{\sum_{n=0}^{\infty} f(x|\lambda)\left(\frac{x-\lambda}{\lambda} \right)^2} = \sqrt{\frac{1}{\lambda}}$$

④ 확률밀도함수가 다음과 주어지는 베르누이 분포에서 성공확률 θ에 대한 제프리 사전분포

$$f(x|\theta) = \theta^x(1-\theta)^{1-x} \qquad x \in \{0,1\}$$

풀이 성공확률 θ에 대한 제프리 사전분포를 $p(\theta)$라고 하면 식 3.8에 의해

$$p(\theta) \propto \sqrt{I(\theta)} = \sqrt{E\left[\left(\frac{d}{d\theta}\ln f(x|\theta) \right)^2 \right]} = \sqrt{E\left[\left(\frac{x}{\theta} - \frac{1-x}{1-\theta} \right)^2 \right]}$$

$$= \sqrt{\theta\left(\frac{1}{\theta} - \frac{0}{1-\theta} \right)^2 + (1-\theta)\left(\frac{0}{\theta} - \frac{1}{1-\theta} \right)^2} = \sqrt{\frac{1}{\theta(1-\theta)}}$$

$$(= \theta^{-1/2}(1-\theta)^{-1/2} \propto Beta(1/2, 1/2))$$

공액사전분포

   데이터로부터 얻어진 우도함수에 대하여 사전분포를 적절히 선택하면 베이즈 정리를 통해 얻어지는 사후분포는 사전분포와 동일한 종류의 분포함수가 되는데 이러한 사전분포를 공액사전분포(conjugate prior)라고 부른다. 예를 들어, $x_1, x_2, ..., x_n$이 성공확률이 θ인 베르누이 분포로부터 독립적으로 얻어진 관측치라면 우도함수는 다음과 같이 나타낼 수 있다.

$$p(x_1, x_2, ..., x_n|\theta) = \prod_{i=1}^{n} \theta^{x_i}(1-\theta)^{1-x_i} = \theta^{\sum_{i=1}^{n} x_i}(1-\theta)^{n-\sum_{i=1}^{n} x_i} \tag{3.9}$$

이 때 θ에 대한 사전분포가 $Beta(\alpha, \beta)$라고 한다면, θ의 사후분포는

$$\begin{aligned} p(\theta|x) &\propto p(x|\theta)p(\theta) = \theta^{\sum_{i=1}^{n} x_i}(1-\theta)^{n-\sum_{i=1}^{n} x_i} \cdot \theta^{\alpha-1}(1-\theta)^{\beta-1} \\ &= \theta^{\alpha+\sum_{i=1}^{n} x_i - 1}(1-\theta)^{\beta+n-\sum_{i=1}^{n} x_i - 1} \\ &\propto Beta(\alpha+\textstyle\sum_{i=1}^{n} x_i, \ \beta+n-\sum_{i=1}^{n} x_i) \end{aligned}$$

이 된다. 즉, 사후분포도 사전분포와 같이 베타분포가 된다. 따라서 식 3.9의 우도함수에 대한 공액사전분포는 베타분포가 된다. 여기에서 우도함수의 역할은 공액사전분포의 하이퍼 매개변수(hyperparameter)인 α, β를 $\alpha+\sum_{i=1}^{n} x_i, \beta+n-\sum_{i=1}^{n} x_i$로 업데이트하는 것을 알 수 있다. 하이퍼 매개변수는 추정하고자는 하는 매개변수에 대한 정보를 나타내는 데 사용되는 매개변수를 의미한다. 예를 들면, $\theta = f(\alpha, \beta)$이라고 할 때 매개변수 θ에 대한 하이퍼 매개변수는 α, β이고, $\alpha = g(\gamma), \beta = h(\lambda)$라고 하면 α의 하이퍼 매개변수는 γ, β의 하이퍼 매개변수는 λ라고 할 수 있다.

   공액사전분포는 대부분 잘 알려진 분포로서 분포에 대한 많은 연구 결과가 나와 있으므로 사후분포의 추론이 쉽다. 또한, 사전분포와 사후분포가 같은 형태이기 때문에 새로운 데이터가 추가될 때 기존의 사후분포를 사전분포로 사용하여 새로운 사후분포를 유도할 때 하이퍼 매개변수의 값만 바뀌기 때문에 간편하다는 장점이 있다. 공액사전분포를 구하는 방법은 다음과 같다.

① 관측된 데이터에 대하여 우도함수를 작성한다.

② 우도함수에서 관측된 데이터와 매개변수의 역할을 바꾼다. 즉, 데이터를 매개변수로, 매개변수를 확률변수로 간주한다.

③ 데이터의 수가 많아진다면 우도함수는 더 이상 데이터에 의존하지 않고 매개변수 θ에 의존하는 함수로 생각될 수 있으며 공액사전분포의 형태가 된다.

위의 방법을 이용하여 식 3.9로부터 공액사전분포의 형태를 추정해 보자. 식 3.9에서 $\sum_{i=1}^{n} x_i = X, n - \sum_{i=1}^{n} = Y$라고 하면 X는 성공의 횟수, Y는 실패의 회수가 되며 다음과 같이 나타낼 수 있다.

$$p(x_1, x_2, ..., x_n | \theta) = \theta^X (1-\theta)^Y \tag{3.10}$$

위의 식에서 X, Y가 알려져 있다면 θ는 확률변수로 취급될 수 있으며 베터분포를 따르게 된다. 즉, 공액사전분포는 베타분포임을 알 수 있다. 또한, 전형적인 베타분포 $p(\theta) \propto \theta^{\alpha-1}(1-\theta)^{\beta-1}$를 식 3.10과 비교하면 α와 β는 각각 $\alpha = X+1, \beta = Y+1$임을 알 수 있다. 즉, 우도함수로터 공액사전분포 형태뿐만 아니라 하이퍼 매개변수 α, β의 값도 추정될 수 있음을 보여준다. 관측된 데이터 $x_1, x_2, \cdots, x_n$의 몇 가지 표본분포에 따른 공액사전분포 및 하이퍼 매개변수의 관계를 살펴보면 표 3. 1과 같다.

표 1 이항분포 $B(m,\theta)$에서 m과 θ는 각각 시행횟수와 성공확률을, 포아송 분포 $Poi(\theta)$에서 θ는 사건의 평균 발생 수이다. n은 관측된 표본의 개수를, τ_0와 τ는 정확도로서 각각 $1/\sigma_0^2$과 $1/\sigma^2$을 나타낸다.

표본분포	공액사전분포	사후분포
이항분포 $B(m,\theta)$ m: 알려짐, θ: 모름	$\theta \sim Beta(\alpha, \beta)$	$\theta\|x \sim Beta(\alpha + \sum x_i, \beta + mn - \sum x_i)$
포아송 분포 $Poi(\theta)$ θ: 모름	$\theta \sim Gamma(\alpha_0, \beta_0)$	$\theta\|x \sim Gamma(\alpha_0 + \sum x_i, \beta_0 + n)$
정규분포 $N(\mu, \sigma^2)$ μ: 알려짐, τ: 모름	$\sigma^2 \sim IGamma(\alpha, \beta)$	$\sigma^2\|x \sim IGamma(\alpha + n/2, \beta + \sum(x_i - \mu)^2/2)$
정규분포 $N(\mu, \sigma^2)$ μ: 모름, τ: 알려짐	$\mu \sim N(\mu_0, \sigma_0^2)$	$\mu\|x \sim N((\mu_0\tau_0 + \tau\sum x_i)/(\tau_0 + n\tau), 1/(\tau_0 + n\tau))$

예제 3-6 $x_1, x_2, \cdots, x_n$은 분산 σ^2인 정규분포로부터 독립적으로 얻어진 데이터들이다. 우도함수의 형태를 이용하여 적절한 사전분포를 가정하고 정규분포의 평균 μ에 대한 사후분포를 구해보라.

풀이 분산이 알려진 경우로서 정규분포의 평균을 μ라고 하면 관측된 데이터 $x_1, x_2, \cdots, x_n$의 우도함수는 다음과 같은 형태를 가진다.

$$f(x_1,...,x_n|\mu) = \prod_{i=1}^{n} f(x_i|\mu) = \prod_{i=1}^{n} (2\pi\sigma^2)^{-1/2} \exp\left\{-\frac{(x_i-\mu)^2}{2\sigma^2}\right\}$$

$$\propto \exp\left\{-\frac{1}{2\sigma^2}\sum_{i=1}^{n}(x_i-\mu)^2\right\} \propto \exp\left\{-\frac{n}{2\sigma^2}(\mu-\overline{x})^2\right\}$$

여기에서 n, σ^2는 알려져 있으며 데이터 변수 x와 상수 μ의 역할을 바꾸면 우도함수는 변수 μ의 함수가 되며 정규분포에 비례하는 분포를 가짐을 알 수 있다. 따라서 μ에 대한 사전분포를 $\mu \sim N(\mu_0, \sigma_0^2)$로 선택하고 사후분포 추정해 보자.

$$p(\mu|X) \propto p(\mu)f(X|\mu) \propto \exp\left\{-\frac{(\mu-\mu_0)^2}{2\sigma_0^2}\right\}\exp\left\{-\frac{n}{2\sigma^2}(\mu-\overline{x})^2\right\}$$

$$\propto \exp\left\{-\frac{1}{2}\left(\frac{1}{\sigma_0^2}(\mu^2-2\mu\mu_0+\mu_0^2)+\frac{1}{\sigma^2/n}\left(\mu^2-2\mu\overline{x}+\overline{x}^2\right)\right)\right\}$$

$$\propto \exp\left\{-\frac{1}{2}\left(\left[\frac{1}{\sigma_0^2}+\frac{1}{\sigma^2/n}\right]\mu^2-2\left[\frac{\mu_0}{\sigma_0^2}+\frac{\overline{x}}{\sigma^2/n}\right]\mu\right)\right\}$$

($\tau = 1/\sigma^2$, $\tau_0 = 1/\sigma_0^2$으로 두면)

$$= \exp\left\{-\frac{1}{2}(\tau_0+n\tau)\mu^2-2(\tau_0\mu_0+n\tau\overline{x})\mu\right\}$$

$$= \exp\left\{-\frac{1}{2}(\tau_0+n\tau)\left[\mu^2-2\left(\frac{\tau_0\mu_0+n\tau\overline{x}}{\tau_0+n\tau}\right)\mu\right]\right\}$$

$$\propto \exp\left\{-\frac{1}{2}(\tau_0+n\tau)\left[\mu-\left(\frac{\tau_0\mu_0+n\tau\overline{x}}{\tau_0+n\tau}\right)\right]^2\right\}$$

따라서 μ의 사후분포는 다음과 같은 정규분포에 비례함을 알 수 있다.

$$\mu|X \sim N\left(\frac{\tau_0\mu_0+n\tau\overline{x}}{\tau_0+n\tau}, \frac{1}{\tau_0+n\tau}\right)$$

여기에서 $n\tau$는 표본평균 $\bar{x}$가 갖는 정확도를, τ_0는 μ_0가 갖는 정확도를 나타낸다. 사후분포의 평균을 μ_π라고 하면 μ_π는 다음과 같이 사전분포의 평균 μ_0와 표본평균 $\bar{x}$에 가중치를 적용한 합으로 구성되어 있음을 알 수 있다.

$$\mu_\pi = \frac{\tau_0}{\tau_0 + n\tau}\mu_0 + \frac{n\tau}{\tau_0 + n\tau}\bar{x}$$

따라서 n이 클 때에서는 μ_π는 거의 $\bar{x}$와 같게 되고 n이 작으면 μ_π는 μ_0의 영향을 많이 받게 된다.

예제 3-7 $x_1, x_2, \cdots, x_n$이 평균이 μ인 정규분포로부터 독립적으로 얻어진 데이터들이라고 할 때 우도함수의 형태를 이용하여 공액사전분포를 찾고 정규분포의 분산 σ^2에 대한 사후분포를 구해보라.

풀이 평균이 알려진 경우로서 정규분포의 분산을 σ^2이라고 하면 관측된 데이터 $x_1, x_2, \cdots, x_n$의 우도함수는 다음과 같다.

$$f(x_1, \ldots, x_n | \mu) = \prod_{i=1}^{n} f(x_i | \mu) = \prod_{i=1}^{n} (2\pi\sigma^2)^{-1/2} \exp\left\{ -\frac{(x_i - \mu)^2}{2\sigma^2} \right\}$$

$$\propto (\sigma^2)^{-n/2} \exp\left\{ -\frac{1}{2\sigma^2} \sum_{i=1}^{n}(x_i - \mu)^2 \right\}$$

여기에서 n과 μ는 알려져 있으며 데이터 변수 x와 상수 σ^2의 역할을 바꾼다면 우도함수는 변수 σ^2에 대한 함수가 되며 역감마 분포에 비례하는 분포를 가짐을 알 수 있다. 따라서 σ^2에 대한 사전분포는 $\sigma^2 \sim IGamma(\alpha, \beta)$를 선택하고 사후분포를 추정해 보자. $\sigma^2 = \theta$ 라고 하면

$$p(\theta | X) \propto p(X | \theta)p(\theta) = \prod_{i=1}^{n} (2\pi\theta)^{-1/2} \exp\left\{ -\frac{(x_i - \mu)^2}{2\theta} \right\} \frac{\beta^\alpha}{\Gamma(\alpha)} \theta^{-(\alpha+1)} \exp\left\{ -\frac{\beta}{\theta} \right\}$$

$$\propto \theta^{-\left(\alpha + \frac{n}{2} + 1\right)} \exp\left\{ -\frac{1}{\theta}\left(\beta + \frac{1}{2}\sum_{i=1}^{n}(x_i - \mu)^2 \right) \right\}$$

따라서 σ^2의 사후분포는 다음과 같이 역감마분포를 가진다.

$$\sigma^2 | \mu, \boldsymbol{x} \sim IG\left(\alpha + \frac{n}{2}, \beta + \frac{1}{2}\sum_{i=1}^{n}(x_i - \mu)^2 \right)$$

만약 분산의 역수 정확도 $\tau(=1/\sigma^2)$를 변수로 취할 경우 감마분포를 사전분포로 선택하면

$$\tau|\alpha,\beta \sim \Gamma(\alpha,\beta), \quad p(\tau|\alpha,\beta) = \frac{\beta^\alpha}{\Gamma(\alpha)}\tau^{\alpha-1}\exp\{-\tau\beta\} \quad \text{이므로}$$

$$p(\tau|X) \propto p(X|\tau)p(\tau) = \prod_{i=1}^{n}(2\pi)^{-1/2}\tau^{1/2}\exp\left\{-\frac{\tau(x_i-\mu)^2}{2}\right\}\frac{\beta^\alpha}{\Gamma(\alpha)}\tau^{\alpha-1}\exp\{-\tau\beta\}$$

$$\propto \tau^{\left(\alpha+\frac{n}{2}-1\right)}\exp\left\{-\tau\left(\beta+\frac{1}{2}\sum_{i=1}^{n}(x_i-\mu)^2\right)\right\}$$

따라서 τ의 사후분포는 다음과 같은 감마분포임을 알 수 있다.

$$\tau|\mu, \boldsymbol{x} \sim Gamma\left(\alpha+\frac{n}{2}, \beta+\frac{1}{2}\sum_{i=1}^{n}(x_i-\mu)^2\right)$$

예제 3-8 어떤 지역에서 매일 일어나는 교통사고의 건수 θ는 포아송 분포를 따른다고 한다. 1년 가운데 선택된 50일 동안 256건의 교통사고가 발생하였다면 θ의 사후분포는 어떻게 되는가? θ의 사전분포는 다음과 같이 감마분포를 따른다고 하자.

$$p(\theta) \propto \theta^{\alpha_0-1}\exp\{-\beta_0\theta\}, \ (\alpha_0=4, \beta_0=1/3)$$

풀이 포아송 분포에 대한 우도함수는 다음과 같다.

$$p(x|\theta) \propto \prod_{i=1}^{n}\theta^{x_i}\exp\{-\theta\} = \theta^{\sum x_i}\exp\{-n\theta\}, \ (n=50) \tag{A}$$

여기에서 x_i는 선택된 날에서 발생한 교통사건의 건수가 된다. (A)의 우도함수의 형태를 통해 θ의 공액사전분포는 감마분포임을 알 수 있다. 사전분포와 우도함수로부터 사후분포는 계산하면

$$p(\theta|x) \propto p(\theta)p(x|\theta) \propto \theta^{(\alpha_0-1)}\exp\{-\beta_0\theta\}\theta^{\sum x_i}\exp\{-n\theta\}$$

$$= \theta^{\alpha_0+\sum x_i-1}\exp\{-(\beta_0+n)\theta\} = \theta^{\alpha_n-1}\exp\{-\beta_n\theta\}$$

여기에서 $\alpha_n=\alpha_0+\sum x_i, \beta_n=(\beta_0+n)$이며 사후분포는 감마분포에 비례함을 알 수 있다. $n=50, \sum x_i=256$이므로 $\alpha_n=260, \beta_n=50.333$이 되며 θ의 사전분포와 사후분포를 비교하면 그림 E3.1과 같다.

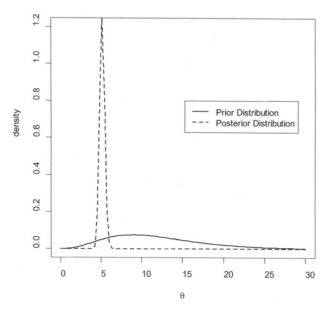

그림 E3.8 사전분포와 사후분포의 비교.

예제 3-9 새로 개발된 혈당 측정기의 정확성을 알아보기 위해 무작위로 42개의 선별한 뒤, 혈액 샘플의 혈당을 측정하였다. 혈당 측정기에 의해 측정된 값 v_i와 정확한 혈당값 w_i의 차이를 x_i라고 할 때 x_i는 $x_i \sim N(0, \sigma^2)$를 따른다고 하자. $\tau = 1/\sigma^2$로 두면 τ는 정확도를 나타내는 유용한 변수가 된다. $S = \left(\sum_{i=1}^{n} x_i^2 / n \right)^{1/2} = 0.34$이고 정확도 τ의 사전분포가 $\tau \sim \Gamma(\alpha_0, \beta_0)$ ($\alpha_0 = 3, \beta_0 = 0.75$)일 때 τ의 사후분포는 어떻게 되는가?

풀이 평균이 알려진 정규분포에서 분산의 역수인 정확도 τ의 공액사전분포는 감마분 포이며 사후분포는 다음과 같다(예제 3.7 참조).

사전분포 $\tau \sim Gamma(\alpha_0, \beta_0)$

사후분포 $\tau|\boldsymbol{x} \sim Gamma\left(\alpha_0 + \dfrac{n}{2}, \beta_0 + \dfrac{1}{2}\sum_{i=1}^{n}(x_i - \mu)^2 \right)$

$n = 42, \mu = 0$이므로 $\sum_{i=1}^{n} x_i^2 = nS^2 = (42)(0.34)^2$가 된다. 따라서 사후분포의 매 개변수는 다음과 같이 계산된다.

$$\alpha_0 + \frac{n}{2} = 3 + \frac{42}{2} = 24, \quad \beta_0 + \frac{1}{2}\sum_{i=1}^{n}(x_i - \mu)^2 = 0.75 + \frac{1}{2}\sum_{i=1}^{n} x_i^2 = 3.1776$$

다음의 R 코드를 이용하여 τ의 사전분포와 사후분포에 대한 그래프를 작성해 보자.

```
x=seq(0,15,length.out=100)
alpha.0=3; beta.0=0.75
alpha.n=24; beta.n=3.1776
prior=dgamma(x,alpha.0,beta.0)
post=dgamma(x,alpha.n,beta.n)
x11() # 그림 E3.9
plot(x,prior,type="l",ylim=c(0,0.4),lwd=2,ylab="density",
    xlab=expression(tau))
lines(x,post,lty=2,lwd=2)
legend(locator(1),c("Prior Distribution","Posterior Distribution"),
    lty=1:2,lwd=2)
```

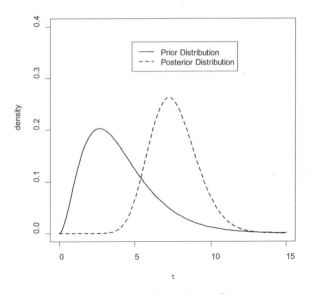

그림 E3.9 정확도 τ의 사전분포와 사후분포.

사후분포에서 τ에 대한 95% 신뢰구간을 찾고 싶다면 다음과 같이 qgamma 함수를 이용하면 된다.

```
CI.tau = qgamma(c(0.025,0.975),alpha.n,beta.n)
round(CI.tau,3) # 95% 신뢰구간
```
```
[1]  4.839 10.861
```

3.3   하이퍼 매개변수의 추정

베이즈 정리를 이용하여 추정하고자 하는 매개변수에 대한 사전분포를 생각해 보자. 예들 들면, 관측된 데이터가 성공확률이 θ인 이항분포를 따를 때 θ에 대한 사전분포로서 베타분포 즉, $\theta \sim Beta(\alpha,\beta)$를 사용한다고 하자. 이 때 베타분포의 매개변수 α,β는 θ의 하이퍼 매개변수가 된다. 사전분포의 하이퍼 매개변수는 순수한 주관적인 지식/경험을 이용하여 결정하거나 이전의 유사한 실험으로부터 얻어진 데이터를 활용하여 추정하는 방법이 있다. 여기서는 관측된 데이터에 대한 우도함수로부터 하이퍼 매개변수를 추정하는 방법을 살펴보기로 하자.

(1) 데이터가 이항분포로부터 얻어질 때

$x_1, x_2, \cdots, x_n$이 성공확률이 알려지지 않은 이항분포로부터 독립적으로 관측된 데이터일 때 우도함수는 다음과 같이 나타낼 수 있다.

$$f(x_1, x_2, \cdots, x_n | \theta) \propto \theta^{\sum_{i=1}^{n} x_i} (1-\theta)^{n - \sum_{i=1}^{n}} = \theta^x (1-\theta)^{n-x} = \theta^x (1-\theta)^y \tag{3.11}$$

여기에서 θ는 성공확률, $x = \sum_{i=1}^{n} x_i$는 성공의 횟수, $y = n - x$는 실패의 횟수가 된다. 식 3.11의 우도함수에서 x,y를 상수로, θ를 확률변수로 간주하면 θ는 다음과 같은 베타분포를 가진다고 가정할 수 있다.

$$p(\theta) \propto \theta^{\alpha-1} (1-\theta)^{\beta-1} \tag{3.12}$$

식 3.11과 3.12을 비교하면 $\alpha = x+1, \beta = y+1$임을 알 수 있다. 따라서 θ의 사전분포는 $\theta \sim beta(x+1, y+1)$로 둘 수 있다.

(2) 데이터가 정규분포로부터 얻어질 때

$x_1, x_2, \cdots, x_n$이 평균 혹은 분산이 알려지지 않은 이항분포로부터 독립적으로 관측된 데이터일 때 우도함수는 다음과 같이 나타낼 수 있다.

$$f(x_1,...,x_n|\sigma^2) \propto (\sigma^2)^{-\frac{n}{2}} \exp\left\{-\frac{1}{2\sigma^2}\sum_{i=1}^{n}(x_i-\mu)^2\right\} \propto (\sigma^2)^{-\frac{n}{2}} \exp\left\{-\frac{n}{2\sigma^2}(\mu-\overline{x})^2\right\} \tag{3.13}$$

여기에서 $\overline{x}$는 표본평균이다. 식 3.13에서 σ^2과 $\overline{x}$를 상수로, μ를 확률변수로 간주한다 면 μ에 대한 사전분포는 $\mu \sim N(\mu_0, \sigma^2/n)$와 같은 정규분포를 가정할 수 있으며, μ_0에 대 한 하이퍼 매개변수는 $\overline{x}$가 된다. 이제 정규분포에서 μ가 주어지고 σ^2를 추정하는 경우 를 생각해 보자. 우도함수에서 μ를 표본평균 $\overline{x}$으로 대체하면

$$f(x_1,...,x_n|\sigma^2) \propto (\sigma^2)^{-\frac{n}{2}} \exp\left\{-\frac{1}{2\sigma^2}\sum_{i=1}^{n}(x_i-\mu)^2\right\} = (\sigma^2)^{-\frac{n}{2}} \exp\left\{-\frac{1}{2\sigma^2}\sum_{i=1}^{n}(x_i-\overline{x})^2\right\} \tag{3.14}$$

이 되며 σ^2을 확률변수로 간주하면 σ^2은 역감마분포가 됨을 알 수 있다.

$$p(\sigma^2) \propto (\sigma^2)^{-(\alpha+1)} \exp\left\{-\frac{\beta}{(\sigma^2)}\right\} \tag{3.15}$$

따라서 σ^2에 대한 사전분포는 $\sigma^2 \sim IGamma(\alpha, \beta)$로 나타낼 수 있으며 식 3.14와 3.15 를 비교하면 하이퍼 매개변수의 α, β는 $\alpha = n/2-1, \beta = \sum_{i=1}^{n}(x_i-\overline{x})^2/2$이 된다.

예제 3-10 성공확률이 알려지지 않은 이항분포에서 30번의 시도에서 20번의 성공이 얻어진 경우를 고려해 보자. 성공확률에 대한 사전분포로서 베타분포 $Beta(\alpha, \beta)$를 선택할 때 우도함 수의 형태로부터 적절한 하이퍼 매개변수 α, β를 추정해 보라.

풀이 풀이: 성공확률을 θ, 성공횟수를 x, 실패횟수를 y라고 하면 우도함수는 다음과 같다.

$$f(\boldsymbol{x}|\theta) \propto \theta^x (1-\theta)^y \tag{A}$$

여기서 $x=20, y=10$이 된다. 식 A와 베타분포함수 $p(\theta) \propto \theta^{\alpha-1}(1-\theta)^{\beta-1}$를 비 교 하면

$$\alpha = x+1 = 21, \beta = y+1 = 11$$

이 된다. θ에 대한 사전분포는 $Beta(21,11)$이 된다.

예제 3-11 평균과 분산이 알려지지 않은 정규분포를 따르는 모집단으로부터 30개의 표본을 얻은 후 다음과 같은 결과를 얻었다.

$$\bar{x} = 45, \sum_{i=1}^{30}(x_i - \bar{x})^2 = 150$$

여기에서 $\bar{x}$는 표본평균이다. 모평균 μ에 대한 사전분포를 정규분포 $N(\mu_0, \sigma^2/n)$로, 모분산 σ^2에 대한 사전분포를 역감마분포 $IGamma(\alpha_0, \beta_0)$로 선택할 때 우도함수의 형태를 이용하여 적절한 하이퍼 매개변수 μ_0, α_0, β_0를 추정해 보라.

풀이 표본의 개수는 $n = 30$이며 정규분포를 따르는 모집단의 평균과 분산을 각각 μ, σ^2이라고 할 때 우도함수는 다음과 같이 나타낼 수 있다.

$$f(\boldsymbol{x}|\sigma^2) \propto (\sigma^2)^{-\frac{n}{2}} \exp\left\{-\frac{1}{2\sigma^2}\sum_{i=1}^{n}(x_i - \mu)^2\right\} \propto (\sigma^2)^{-\frac{n}{2}} \exp\left\{-\frac{n}{2\sigma^2}(\mu - \bar{x})^2\right\} \qquad \text{(A)}$$

여기에서 σ^2이 알려져 있다면 우도함수는 μ에 대한 함수가 되며 $\mu \sim N(\bar{x}, \sigma^2/n)$임을 알 수 있다. 따라서 $\mu_0 = \bar{x} = 45$가 된다. 만약 우도함수에서 $\mu = \bar{x}$로 알려져 있으며 σ^2을 변수로 간주하면 우도함수는 다음과 같이 σ^2의 함수가 된다.

$$f(\boldsymbol{x}|\sigma^2) \propto (\sigma^2)^{-\frac{n}{2}} \exp\left\{-\frac{1}{2\sigma^2}\sum_{i=1}^{n}(x_i - \mu)^2\right\} = (\sigma^2)^{-\frac{n}{2}} \exp\left\{-\frac{1}{2\sigma^2}\sum_{i=1}^{n}(x_i - \bar{x})^2\right\} \quad \text{(B)}$$

식 B와 역감마분포 $p(\sigma^2) \propto (\sigma^2)^{-(\alpha+1)} \exp\left\{-\dfrac{\beta}{(\sigma^2)}\right\}$를 비교하면

$$\alpha = n/2 - 1 = 30/2 - 1 = 14$$
$$\beta = \sum_{i=1}^{n}(x_i - \bar{x})^2/2 = 150/2 = 75$$

따라서 모집단의 평균에 대한 사전분포는 평균이 45인 정규분포가 되고, 분산에 대한 사전분포는 $IGamma(14, 75)$가 됨을 알 수 있다.

CHAPTER **4**

사후분포의 근사

4.1 깁스 표본기법

4.2 메트로폴리스–헤스팅스 방법

4.3 라플라스 근사 방법

4.4 기대–최대화 방법

모집단의 매개변수 θ에 대한 베이즈 추론방법은 θ에 대한 사전분포와 관측 데이터 x에 대한 우도함수로부터 θ의 사후분포를 구하고 이로부터 θ에 대한 여러 가지 특성을 계산한다. 하지만 추정되어야 매개변수가 많거나 우도함수에 대한 모형이 복잡한 경우 사후분포를 정확하게 계산하기 어렵기 때문에 근사적인 방법이 사용될 수 있다. 여기서는 사후분포를 근사하는 방법들에 대해 살펴보기로 하자.

4.1   깁스 표본기법

모집단의 매개변수가 $\theta = \{\theta_1, \theta_2, ..., \theta_K\}$일 때 관측된 데이터 X로부터 θ_i에 대한 주변사후분포(marginal posterior distribution)와 θ_i의 사후 기대치는 다음과 같이 주어진다.

$$p(\theta_i|X) = \int p(\theta_1, ..., \theta_j|X) \ d\theta_1, ..., d\theta_{i-1}, d\theta_{i+1}, ..., \theta_K \tag{4.1}$$

$$E(\theta_i|X) = \int \theta_i p(\theta_i|X) d\theta_i \tag{4.2}$$

주변 사후분포를 계산하기 위한 식 4.1은 일반적으로 고차원의 적분이 되며 실제적 계산이 어려운 경우가 많다. 만약 θ_i에 대해 조건부 사후분포 $p(\theta_i|\theta_{k \neq i}, X)$를 알 수 있다면 이 분포로부터 θ_i를 추출함으로써 θ_i의 사후분포 및 사후분포의 특성을 추정할 수 있다. 이러한 방법을 깁스 표본기법(Gibbs sampling)이라고 한다. 예를 들어, $\theta = \{\theta_1, \theta_2, \theta_3\}$인 경우에 깁스 표본기법을 설명하면 다음과 같다.

① 매개변수의 초기치 $\theta_1^{(0)}, \theta_2^{(0)}, \theta_3^{(0)}$를 정한다.

② 표본추출을 통해 다음과 같이 순차적으로 매개변수의 업데이트를 반복한다.

	$\theta_1^{(1)}, \theta_2^{(1)}, \theta_3^{(1)}$	$\theta_1^{(2)}, \theta_2^{(2)}, \theta_3^{(2)}$	...	$\theta_1^{(l)}, \theta_2^{(l)}, \theta_3^{(l)}$
I	$\theta_1^{(1)} \sim p(\theta_1|\theta_2^{(0)}, \theta_3^{(0)}, x)$	$\theta_1^{(2)} \sim p(\theta_1|\theta_2^{(1)}, \theta_3^{(1)}, x)$	...	$\theta_1^{(l)} \sim p(\theta_1|\theta_2^{(l-1)}, \theta_3^{(l-1)}, x)$
II	$\theta_2^{(1)} \sim p(\theta_2|\theta_1^{(1)}, \theta_3^{(0)}, x)$	$\theta_2^{(2)} \sim p(\theta_2|\theta_1^{(2)}, \theta_3^{(1)}, x)$	...	$\theta_2^{(l)} \sim p(\theta_2|\theta_1^{(l)}, \theta_3^{(l-1)}, x)$
III	$\theta_3^{(1)} \sim p(\theta_3|\theta_1^{(1)}, \theta_2^{(1)}, x)$	$\theta_3^{(2)} \sim p(\theta_3|\theta_1^{(2)}, \theta_2^{(2)}, x)$	...	$\theta_3^{(l)} \sim p(\theta_3|\theta_1^{(l)}, \theta_2^{(l)}, x)$

위의 표에서 I, II, III는 매개변수$(\theta_1, \theta_2, \theta_3)$가 업데이트되는 순서를, $\theta^{(i)}$는 i번째 업데이트된 θ를 나타낸다. $p(\theta_1|\theta_2, \theta_3, x), p(\theta_2|\theta_1, \theta_2, x), p(\theta_3|\theta_1, \theta_2, x)$는 모두 완전조건부 사후분포로서 각각 표본추출(sampling)을 통해 $\theta_1, \theta_2, \theta_3$를 업데이트한다. 표본추출을 통해 업데이트되는 회수가 충분히 클 때, 즉 l이 큰 값을 가질 때 $\theta^{(l)} = (\theta_1^{(l)}, \theta_2^{(l)}, \theta_3^{(l)})$은 $p(\theta|x)$의 분포를 따르므로 θ의 사후표본으로 사용할 수 있다. 따라서 n과 l이 충분히 클 때 다음 식이 성립한다.

$$\hat{E}[\psi(\theta)|x] = \frac{1}{n}\sum_{i=1}^{n}\psi(\theta^{l+i}) \tag{4.3}$$

여기에서 l은 $\theta = (\theta_1^{(l)}, \theta_2^{(l)}, \theta_3^{(l)})$이 매개변수의 실제값 $\theta = (\theta_1, \theta_2, \theta_3)$으로 수렴할 때까지 요구되는 업데이트의 횟수를 의미하며 n은 표본의 크기를 나타낸다. 깁스 표본기법의 알고리즘에 의하면 $(\theta_1^{(i)}, \theta_2^{(i)}, \theta_3^{(i)})$는 마르코프 연쇄(Markov chain) 성질을 가짐을 알 수 있다. 즉, $\theta_1^{(m)}$은 (θ_2, θ_3)의 가장 최근의 값인 $\theta_2^{(m-1)}, \theta_3^{(m-1)}$에만 의존할 뿐 그 이전의 (θ_2, θ_3)의 값에는 의존하지 않으며 이 원칙은 $\theta_2^{(m)}, \theta_3^{(m)}$에게도 동일하게 적용된다. 따라서 깁스 표본기법에서 매개변수는 마크코프 연쇄 방식을 통해 업데이트되며 매개변수의 표본 $\theta^{(i)}$를 이용하여 사후추정치를 구하므로 마르코프 연쇄 몬테칼로(Markov chain Monte Carlo, MCMC) 기법의 중에 하나임을 알 수 있다.

예제 4-1 정규분포 $X_i \sim N(\mu, \sigma^2)$를 따르는 모집단으로부터 50개의 표본을 추출하여 평균과 분산을 계산하였더니 각각 15와 10이었다. 깁스 표본기법을 이용하여 모집단의 매개변수 μ와 σ^2를 추정해 보라. μ와 σ^2 사전분포는 각각 $\mu \sim N(\mu_0, \sigma_0^2)$, $\sigma^2 \sim IGamma(\alpha, \beta)$이며 $\mu_0 = 0, \sigma_0^2 = 500, \alpha = 1/2, \beta = 1/5$이다.

풀이 문제로부터 $\bar{x}$(표본평균)=15, S(표본분산)=10, n(표본의 개수)=50임을 알 수 있다. 또한 사전분포가 주어져 있으므로 사후분포를 구할 수 있다. 먼저 모집단의 평균 μ에 대한 사후분포를 생각해 보자. 사전분포가 $\mu \sim N(\mu_0, \sigma_0^2)$이고 모집단의 분산 σ^2가 주어진 경우 μ의 사후분포는 다음과 같다(예제 3.6 참조).

$$\mu|\sigma^2, X \sim N\left(\frac{\mu_0/\sigma_0^2 + n\bar{x}/\sigma^2}{1/\sigma_0^2 + n/\sigma^2}, \frac{1}{1/\sigma_0^2 + n/\sigma^2}\right) \tag{A}$$

식 A의 사후분포는 완전조건부 사후분포로서 μ에 대한 표본을 얻을 수 있다. 또한, 사전분포가 $\sigma^2 \sim IGamma(\alpha, \beta)$이고 모집단의 평균 μ가 주어진 경우 σ^2의 사후분포는 다음과 같다(예제 3.7 참조).

$$\sigma^2 | \mu, \boldsymbol{x} \sim IG\left(\alpha + \frac{n}{2}, \beta + \frac{1}{2}\sum_{i=1}^{n}(x_i - \mu)^2\right) \tag{B}$$

문제에서는 x_i에 대한 정보가 없으므로 식 B에서 역감마분포의 매개변수를 바로 계산할 수 없다. 따라서 다음의 식을 이용하여 $\sum(x_i - \mu)^2$을 약간 변형해 보자.

$$\sum_{i=1}^{n}(x_i - \mu)^2 = \sum_{i=1}^{n}\left((x_i - \overline{x}) + (\overline{x} - \mu)\right)^2 \tag{C}$$
$$= \sum_{i=1}^{n}(x_i - \overline{x})^2 + n(\overline{x} - \mu)^2 = (n-1)S + n(\overline{x} - \mu)^2$$

여기에서 $S = \sum(x_i - \overline{x})^2 / (n-1)$로서 표본의 분산에 해당한다. 따라서 식 B는 다음과 같이 나타낼 수 있다.

$$\sigma^2 | \mu, X \sim IGamma\left(\alpha + n/2, \beta + [(n-1)S + n(\overline{x} - \mu)^2]/2\right) \tag{D}$$

식 D의 사후분포는 완전조건부 사후분포로서 σ^2에 대한 표본을 얻을 수 있다. 따라서 식 A와 D를 통해 깁스 표본기법을 이용하면 μ와 σ^2에 대한 사후분포를 계산할 수 있다. 먼저, σ^2에 대한 초기치를 $\sigma^{2(1)}$로 가정하여 식 A로부터 $\mu^{(2)}$값을 추출할 수 있으며 이 값을 식 D의 μ에 대입하여 $\sigma^{2(2)}$를 추출할 수 있다. 다시 $\sigma^{2(2)}$을 식 A의 σ^2에 대입하면 $\mu^{(3)}$가 얻을 수 있으며, $\mu^{(3)}$를 식 D의 μ에 대입하여 $\sigma^{2(3)}$를 추출한다. 이러한 반복과정을 충분히 크게 하면 즉, l이 충분히 크다면 $\mu^{(l)}, \sigma^{2(l)}$은 모집단의 μ와 σ^2에 근접하게 될 것이다. 다음의 R 코드를 이용하여 μ와 σ^2를 추정해 보자.

```
set.seed(1234)
m = 40000                          # 깁스 샘플링 횟수 혹은 반복횟수
MU = numeric(m);  Sigsq = numeric(m)
Sigsq[1] = 1  #σ²의 초기치 σ²⁽⁰⁾

# 문제로부터 주어진 데이터
n = 50 ; x.bar = 15 ; x.var = 10  (순서대로 표본수, 표본평균, 표본분산)
mu.0 = 0; sigsq.0 = 500  # μ의 사전분포에 대한 하이퍼 매개변수
alpha = 1/2; beta = 1/5  # σ²의 사전분포에 대한 하이퍼 매개변수
```

```
for (i in 2:m)  # 깁스 표본기법을 이용한 표본추출
{
  sigsq.up = 1/(1/sigsq.0 + n/Sigsq[i-1])
  mu.up = (mu.0/sigsq.0+n*x.bar/Sigsq[i-1])*sigsq.up
  MU[i]=rnorm(1,mu.up,sqrt(sigsq.up)) # 식 A로부터 표본추출(μ)
  alpha.up=alpha+n/2
  beta.up=beta+((n-1)*x.var+n*(x.bar-MU[i])^2)/2
  Sigsq[i]=1/rgamma(1,alpha.up,beta.up) # 식 D로부터 표본추출(σ²)
}
# 사후분포의 기대치 및 신뢰구간 계산
ind = (m/2 + 1):m
round(mean(MU[ind]),3)        # 사후평균(μ|X) 의 기대값
```
```
[1] 14.991
```
```
CI.mu = quantile(MU[ind], c(.025,.975))
round(CI.mu,3)  # μ|X의 95% 신뢰구간
```
```
   2.5%    97.5%
14.105 15.886
```
```
round(mean(Sigsq[ind]),3)        # 사후분산(σ²|X)의 기대값
```
```
[1] 10.246
```
```
CI.Sigsq = quantile(Sigsq[ind], c(.025,.975))
round(CI.Sigsq,3) # σ²|X 의 95% 신뢰구간
```
```
   2.5%    97.5%
 6.839 15.179
```
```
x11() # 그림 E4.1
par(mfrow=c(2,1))
hist(MU[ind], prob=T,main="",
xlab=expression(paste("Sampled values of ",mu,sep="")))
      abline(v=CI.mu, col="red")
hist(Sig, prob=T,main="",xlab=expression(paste("Sampled values of ",sigma,sep="")))
abline(v=CI.Sig, col="red")
```

위의 결과를 통해 μ와 σ^2의 사후분포의 기대치는 각각 14.991과 10.246으로서 표본의 평균(15)과 분산(10)에 가까움을 알 수 있다. μ의 사후기대치가 표본평균과 거의 일치하는 것은 식 A에 $\mu_0 = 0$를 대입하여 얻어지는 사후분포를 살펴보면 알 수 있다.

$$\mu|\sigma^2, X \sim N\left(\frac{n\overline{x}/\sigma^2}{1/\sigma_0^2 + n/\sigma^2}, \frac{1}{1/\sigma_0^2 + n/\sigma^2} \right)$$

즉, μ의 사후분포에서 평균은 μ_0값에 관계없이 표본평균의 가중치로만 구성된다.

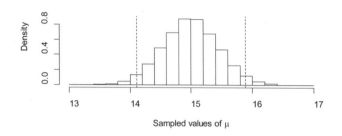

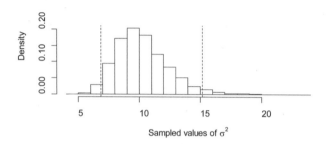

그림 E4.1 깁스 표본기법을 통해 추정된 μ의 사후분포(위)와 σ^2의 사후분포(아래).
수직 점선은 95% 신뢰구간을 나타냄.

예제 4-2   확률변수 X가 이항분포 $B(n,\theta)$를 따른다면 X는 성공확률 θ인 베르누이 시행을 독립적으로 n번 반복할 때 얻어지는 성공의 횟수가 된다. 만약 성공확률 θ가 일정하지 않고 각 n번의 베르누이 시행을 반복할 때마다 바뀔 수 있는 확률변수로서 베타분포 $\theta \sim Beta(a,b)$를 가진다면 확률변수 X는 베타-이항분포를 따르게 된다. $n=20, a=2, b=4$일 때 깁스 표본기법을 X와 θ의 분포를 추정하여라.

풀이   깁스 표본기법을 사용하기 위해서는 완전 조건부확률에 대한 정보가 필요하다. 여기서는 θ가 주어질 때 X의 분포와 X가 주어질 때 θ의 분포가 완전 조건부확률로 주어지는지 살펴보자. $X \sim B(n,\theta), \theta \sim Beta(a,b)$ 이므로

$$p(X=x|n,\theta) = \binom{n}{x}\theta^x(1-\theta)^{n-x} \tag{A}$$

$$p(\theta) = \frac{\Gamma(a+b)}{\Gamma(a)\Gamma(b)}\theta^{a-1}(1-\theta)^{b-1} \tag{B}$$

가 된다. 식 A, B로부터 베이즈 정리에 의해 $p(\theta|x)$는 다음과 같이 나타낼 수 있다.

$$p(\theta|x) \propto \theta^x(1-\theta)^{n-x}\theta^{a-1}(1-\theta)^{b-1} \tag{C}$$
$$= \theta^{a+x-1}(1-\theta)^{b+n-x-1} \propto Beta(a+x,b+n-x)$$

n, a, b에 대한 정보가 알려져 있으므로 식 A는 X에 대한 완전 조건부 확률이 되며, 식 C는 θ에 대한 완전 조건부확률이 된다. 따라서 다음과 같이 깁스 표본기법을 이용하여 X와 θ에 대한 표본을 얻을 수 있다.

① X와 θ에 대한 초기값 $(X^{(0)}, \theta^{(0)})$을 설정한다
② 이항분포 $B(n, \theta^{(i-1)})$로부터 표본 $X^{(i)}$를 추출한다.
③ 베타분포 $Beta(a + X^{(i)}, b + n - X^{(i)})$로부터 $\theta^{(i)}$를 추출한다.

위의 ②, ③의 과정을 반복함으로써 X와 θ의 표본을 얻었을 수 있다. 다음의 R 코드를 이용해 보자.

```
set.seed(1234)
a=2; b=4; n=20
m=10000
x= numeric(m); theta=numeric(m)
x[1]=1 ; theta[1]=0.5  # (X^(0),θ^(0))
for (i in 2:m)  # 깁스 표본기법을 이용한 표본추출
{
  x[i] =rbinom(1,size=n,prob=theta[i-1])
  theta[i] = rbeta(1,a+x[i],b+n-x[i])
}
ind=(m/2+1):m
mean(x[ind]) # X의 평균
```
```
[1] 6.734
```
```
round(var(x[ind]),3)  # X의 분산
```
```
[1] 15.399
```
```
mean(theta[ind])  # θ의 평균
```
```
[1] 0.335
```
```
# 95% 신뢰구간
CI.X=quantile(x[ind], c(.025,.975))
CI.theta=quantile(theta[ind],c(.025,.975))
x11() # 그림 E4.2
par(mfrow=c(2,1))
hist(x[ind],prob=T,main="",xlab="X")
hist(theta[ind],prob=T,main="",xlab=expression(theta))
```

위의 결과를 통해 깁스 표본기법을 통해 베타-이항분포를 따르는 확률변수 X의 평균과 분산은 각각 6.734와 15.399로 추정되며 다음과 같이 베타-이항분포의 이론적인 평균 μ와 분산 σ^2에 근사함을 알 수 있다.

$$\mu = \frac{na}{a+b} = \frac{20(2)}{(2+4)} = 6.667,$$

$$\sigma^2 = \frac{nab(n+a+b)}{(a+b)^2(1+a+b)} = \frac{(20)(2)(4)(20+2+4)}{(2+4)^2(1+2+4)} = 16.508$$

그림 E4.2는 깁스 표본기법에 의해 얻어진 표본 X와 θ의 분포를 나타낸다.

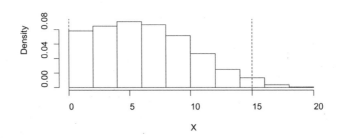

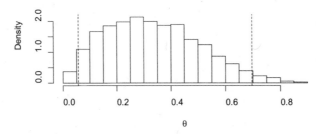

그림 E4.2 깁스 표본기법을 통해 추정된 베타-이항분포에서 확률변수 X의 분포(위)와
성공확률 θ의 분포(아래). 수직 점선은 95% 신뢰구간을 나타냄.

예제 4-3 확률변수 X가 공분산이 Σ인 이변량 정규분포를 따를 때 $X \sim N(\mu, \Sigma)$로 나타내고 확률밀도함수는 다음과 같이 주어진다.

$$f(X) = (2\pi)^{-1}|\Sigma|^{-1/2}\exp\left(-\frac{(X-\mu)'\Sigma^{-1}(X-\mu)}{2}\right)$$

여기에서

$$X = \begin{pmatrix} X_1 \\ X_2 \end{pmatrix}, \mu = \begin{pmatrix} \mu_1 \\ \mu_2 \end{pmatrix}, \Sigma = \begin{pmatrix} \sigma_1^2 & \rho\sigma_1\sigma_2 \\ \rho\sigma_1\sigma_2 & \sigma_2^2 \end{pmatrix} \quad \left(\rho = \frac{Cov(X_1, X_2)}{\sigma_1\sigma_2}\right)$$

이며 $Cov(X_1, X_2)$는 공분산을, ρ는 상관계수를, σ_1^2과 σ_2^2는 각각 X_1과 X_2의 분산을 나타낸다. 두 변수 X_1과 X_2 사이의 조건부 분포는 다음과 같이 주어진다.

$$X_1|X_2 \sim N\left(\mu_1 + \rho\frac{\sigma_1}{\sigma_2}(X_2 - \mu_2), \sigma_1^2(1-\rho^2)\right),$$

$$X_2|X_1 \sim N\left(\mu_2 + \rho\frac{\sigma_2}{\sigma_1}(X_1 - \mu_1), \sigma_2^2(1-\rho^2)\right)$$

$\mu_1 = 2, \mu_2 = 1, \sigma_1^2 = \sigma_2^2 = 1, \rho = 0.7$일 때 깁스 표본기법을 사용하여 X_1, X_2의 분포를 추정하여라.

풀이 $\mu_1 = 2, \mu_2 = 1, \sigma_1^2 = \sigma_2^2 = 1, \rho = 0.7$이므로 X_1과 X_2 사이의 조건부 분포는 다음과 같이 나타낼 수 있다.

$$X_1|X_2 \sim N(0.7X_2 + 1.3, 0.51), \; X_2|X_1 \sim N(0.7X_1 - 0.4, 0.51)$$

$X_1|X_2$ 와 $X_2|X_1$은 완전 조건부 분포함수이므로 깁스 표본기법을 적용할 수 있다. 다음의 R 코드를 이용해 보자.

```
m=10000
x1= numeric(m); x2=numeric(m)
x1[1]=0.1 ; x2[1]=0.1  # X_1, X_2 의 초기치
# 깁스 표본기법을 이용한 표본추출
for (i in 2:m)
{
  x1[i] =rnorm(1,mean=0.7*x2[i-1]+1.3,sd=sqrt(0.51))
  x2[i] =rnorm(1,mean=0.7*x1[i]-0.4,sd=sqrt(0.51))
}
ind=(m/2+1):m
round(mean(x1[ind]),3)  # X_1의 평균
```
```
[1] 1.979
```
```
round(mean(x2[ind]),3) # X_2의 평균
```
```
[1] 0.983
```
```
round(var(x1[ind]),3)  # X_1의 분산
```
```
[1] 1.034
```
```
round(var(x2[ind]),3)   # X_2의 분산
```
```
[1] 1.006
```
```
# 95% 신뢰구간
CI.X1=quantile(x1[ind], c(.025,.975))
CI.X2=quantile(x2[ind], c(.025,.975))
x11() # 그림 E4.3A
par(mfrow=c(2,))
```

```
hist(x1[ind],prob=T,main="",xlab="X1")
abline(v=CI.X1,lty=2)
hist(x2[ind],prob=T,main="",xlab="X2")
abline(v=CI.X2,lty=2)
```

위의 결과를 통해 표본 X_1의 평균과 분산은 각각 1.979, 1.034이며, 표본 X_2의
평균과 분산은 각각 0.983과 1.006으로서 실제의 평균과 분산에 근접함을 알 수
있으며, 결국 표본 X_1의 분포는 X_1의 주변분포로, 표본 X_2의 분포는 X_2의 주변
분포가 됨을 알 수 있다. 두 변수에 대한 주변분포 그림 E4.3A와 같다. X_1과 X_2
에 대한 표본과 함께 다음 식을 이용하면 확률밀도함수도 계산할 수 있다.

$$f(X) = (2\pi)^{-1} |\Sigma|^{-1/2} \exp\left(-\frac{(\boldsymbol{X}-\boldsymbol{\mu})' \Sigma^{-1} (\boldsymbol{X}-\boldsymbol{\mu})}{2}\right)$$

위의 벡터와 행렬로 표기도 위의 확률밀도함수를 스칼라 형태로 바꾸면

$$f(x_1, x_2 | \mu_1, \mu_2, \sigma_1, \sigma_2, \rho) = \frac{1}{2\pi\sigma_1\sigma_2\sqrt{1-\rho^2}} \exp\left[-\frac{z}{2(1-\rho^2)}\right]$$

$$z = \left[\left(\frac{x_1-\mu_1}{\sigma_1}\right)^2 - 2\rho\frac{x_1-\mu_1}{\sigma_1}\frac{x_2-\mu_2}{\sigma_2} + \left(\frac{x_2-\mu_2}{\sigma_2}\right)^2\right]$$

이 된다. $\mu_1 = 2, \mu_2 = 1, \sigma_1^2 = \sigma_2^2 = 1, \rho = 0.7$이므로 깁스 표본기법을 통해 얻어진
X_1과 X_2을 위의 식에 대입하여 이변량 정규분포 확률밀도함수의 그래프를 다음
의 R 코드를 통해 작성해 보면 그림 E4.3B와 같다.

```
require(scatterplot3d) # 3차원 그래프 작성을 위한 패키지
mu1=1; mu2=1; sd1=1; sd2=1; rho=0.7

# 확률밀도함수의 정의
mulnorm=function(x1,x2) {
    z=((x1-mu1)/sd1)^2-2*rho*(x1-mu1)*(x2-mu2)/(sd1*sd2)+((x2-mu2)/sd2)^2
    den=(1/(2*pi*sd1*sd2*sqrt(1-rho^2)))*exp(-z/(2*(1-rho^2)))
    return(den)
}
# 표본(X_1, X_2)을 이용한 확률밀도함수 계산
f1=mulnorm(x1,x2)
x11() # 그림 E4.3B
par(mfrow=c(2,1))
```

```
plot(x1[ind],x2[ind],pch=1,xlab="X1",ylab="X2")
scatterplot3d(x1, x2, f1, highlight.3d = TRUE, angle = 120,
              cex.axis = 0.5,cex.lab = 1.1, main = "", pch = 20)
```

이변량 정규분포의 확률밀도함수를 3차원 그래프로 나타내기 위해 "scatterplot3d" 패키지에 있는 scatterplot3d 함수를 이용하였다. scatterplot3d(x1, x2, f1,..)에서 첫 번째 인수는 x축, 두 번째 인수는 y축, 세 번째 인수는 z축에 해당하며, 높이를 나타내는 z 방향이 확률밀도함수의 값에 해당한다.

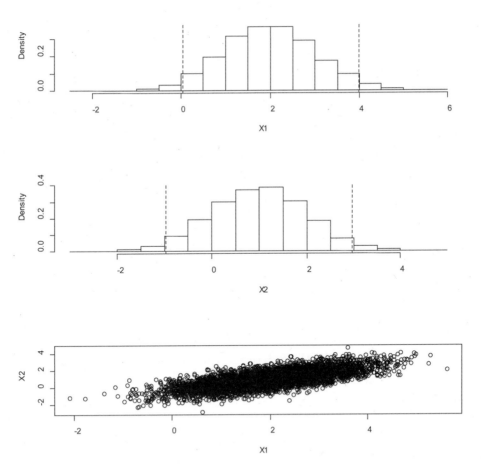

그림 E4.3A 깁스 표본기법을 통해 얻어진 X_1(위)과 X_2(중간)의 주변분포와 직교좌표에서 X_1, X_2의 분포(아래). 히스토그램에서 수직 점선은 95% 신뢰구간을 나타냄.

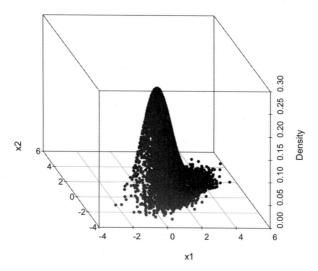

그림 E4.3B 이변량 정규분포의 확률밀도함수($\mu_1 = 2, \mu_2 = 1, \sigma_1^2 = \sigma_2^2 = 1, \rho = 0.7$).

예제 4-4 다음은 원자력 발전소에서 10개의 펌프에 대한 고장횟수에 대한 자료[1]이다.

펌프	1	2	3	4	5	6	7	8	9	10
고장횟수(X_i)	5	1	5	14	3	19	1	1	4	22
관측시간(t_i)	94.32	15.72	62.88	125.76	5.24	31.44	1.05	1.05	2.10	10.48

각 펌프에 대해 단위시간동안의 고장횟수가 $Poi(\lambda_i)$ $(i = 1, ..., 10)$인 포아송 분포를 따르며 λ_i에 대한 사전분포가 다음과 같이 주어질 때 각 펌프에 대한 λ의 사후분포를 계산해 보라.

$$\lambda_i \sim Gamma(\alpha, \beta) , \quad \beta \sim Gamma(\gamma, \delta) \qquad (\alpha = 1.8, \gamma = 0.01, \delta = 1)$$

풀이 각 펌프에 대한 관측시간을 t_i $(i = 1, ..., 10)$라고 하고 이때의 각 펌프의 고장횟수를 X_i라고 한다면 $X_i \sim Poi(t_i\lambda_i)$가 되며 X_i, λ_i, β 사이의 관계는 다음과 같이 요약된다.

$$X_i \sim Poi(t_i\lambda_i) \ , \ i = 1, ..., 10$$
$$\lambda_i \sim Gamma(\alpha, \beta) \ ; \ i = 1, ..., 10$$
$$\beta \sim Gamma(\gamma, \delta)$$

---

[1] Gaver, D. and O'Muicheartaigh, I. (1987). Robust empirical Bayes analysis of event rates. Technometrics, 29:1-15.

따라서 λ_i와 β의 결합확률분포는 다음과 같이 나타낼 수 있다.

$$p(\lambda_1,...,\lambda_{10},\beta)|t_1,...,t_{10},x_1,...,x_{10})$$

$$\propto \prod_{i=1}^{10}\left\{(\lambda_i t_i)^{x_i}e^{-\lambda_i t_i}\lambda_i^{\alpha-1}e^{-\beta\lambda_i}\right\}\beta^{10\alpha}\beta^{\gamma-1}e^{-\delta\beta}$$

$$\propto \prod_{i=1}^{10}\left\{\lambda_i^{x_i+\alpha-1}e^{-(t_i+\beta)\lambda_i}\right\}\beta^{10\alpha+\gamma-1}e^{-\delta\beta}$$

위의 식으로부터 λ_i와 β의 완전조건부 분포를 구하면

$$\lambda_i|\beta,t_i,x_i \sim Gamma(x_i+\alpha,t_i+\beta), i=1,...,10$$

$$\beta|\lambda_1,...,\lambda_{10} \sim Gamma\left(\gamma+10\alpha,\delta+\sum_{i=1}^{10}\lambda_i\right)$$

이 된다. 완전조건부 분포로부터 λ_i와 β의 표본은 깁스 표본기법을 통해 쉽게 얻을 수 있으며 다음의 R 코드를 이용해 보자.

```
set.seed(1234)
x=c(5,1,5,14,3,19,1,1,4,22) # 각 펌프의 고장횟수
Time=c(94.32,15.72,62.88,125.76,5.24,31.44,1.05,1.05,2.10,10.48)# 각 펌프의 관찰
# 시간
alpha=1.8; gamma=0.01; delta=1 # 주어진 하이퍼 매개변수

m=10000
lambda=matrix(0,nrow=m,ncol=10)
beta=numeric(m)
beta[1]=1 # β의 초기값
# 깁스 표본기법을 이용한 표본추출
for (i in 2:m){
  for (j in 1:10) {
    lambda[i,j]=rgamma(1,x[j]+alpha,Time[j]+beta[i-1])
    beta[i]=rgamma(1,gamma+10*alpha,delta+sum(lambda[i,]))
  }
}
# 표본의 평균과 분산
ind=(m/2+1):m
round(apply(lambda[ind,],2,mean),3) # λ 평균 (순서대로 λ_1,...,λ_10)
[1] 0.070 0.155 0.104 0.123 0.629 0.616 0.837 0.839 1.300 1.839
round(apply(lambda[ind,],2,var),3)  # λ 분산 (순서대로 λ_1,...,λ_10)
[1] 0.001 0.009 0.002 0.001 0.088 0.019 0.295 0.295 0.343 0.160
round(mean(beta[ind])) # β의 평균
[1] 2
```

```
round(var(beta[ind])) #  β의 분산
[1] 1
x11() # 그림 E4.4
par(mfrow=c(3,4))
for (i in 1:10) {
hist(lambda[ind,i],prob=T,xlab="",main=i)
}
hist(beta[ind],prob=T,xlab="",main=expression(beta))
```

그림 E4.4는 깁스 표본기법을 통해 얻어진 λ와 β의 사후분포를 나타낸다.

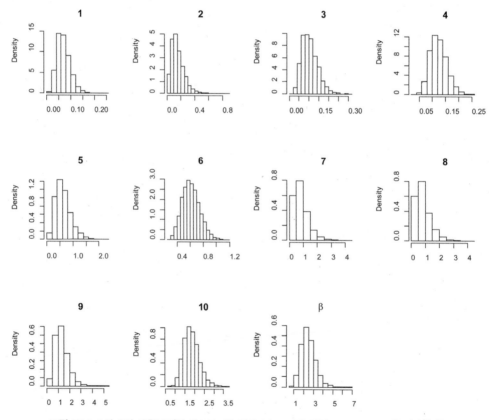

그림 E4.4 λ와 β의 사후분포(각 히스토그램 위의 1,2,...,10은 각각 $\lambda_1, \lambda_2, ..., \lambda_{10}$을 나타낸다).

4.2 메트로폴리스-헤스팅스 방법

모집단의 매개변수의 집합을 $\theta = \{\theta_1, \theta_2, ..., \theta_K\}$라고 할 때, θ_i의 사후분포를 얻기 위해 깁스 표본기법을 사용하기 위해서는 사후분포 $p(\theta_i | x, \theta_1, \theta_2, \cdots, \theta_{i-1}, \theta_{i+1}, \cdots, \theta_K)$가 직접적인 표본추출이 용이한 완전조건부 사후분포이어야 한다. 하지만, 때때로 완전조건부 사후분포로터 표본추출이 어렵거나 불가능한 경우에는 깁스 표본기법을 사용할 수 없다. 예들 들어 성공확률이 θ인 베르누이 실험을 n번 시행에서 얻어진 결과가 $X = \{x_1, x_2, \cdots, x_n\}$이고 θ에 대한 사전분포가 공액사전분포의 형태가 아닌 $p(\theta) = 2\cos^2(4\theta)$와 같은 형태로 주어진다면 θ의 사후분포는 다음과 같이 나타낼 수 있다.

$$p(\theta|X) \propto f(X|\theta)p(\theta) = 2\theta^x(1-\theta)^y \cos^2(4\pi\theta) \tag{4.4}$$

여기에서 $x = \sum_{i=1}^{n} x_i$이고 $y = n - x$이다. 식 4.4와 같은 사후분포로부터 표본을 추출하는 것이 쉽지 않음을 알 수 있다. 이 문제를 해결하기 위해 θ의 추출이 용이한 다음과 같은 정규분포 $q(\theta'|\theta)$를 생각해 보자.

$$q(\theta'|\theta) \sim \exp\left\{\frac{1}{2\sigma^2}(\theta - \theta')^2\right\} \tag{4.5}$$

위의 식에서 θ'는 θ가 주어진 조건에서 추출되므로 마르코프 연쇄성질을 가진다. 따라서 식 4.5는 k번째 표본은 $q(\theta'|\theta^{(k-1)})$로부터 구할 수 있다. $\theta^{(k-1)}$의 조건에서 추출된 θ'의 채택여부는 $p(\theta'|X)/q(\theta'|\theta^{(k-1)})$의 증가여부로 결정한다. 즉, $p(\theta'|X)/q(\theta'|\theta^{(k-1)})$의 값이 그 이전의 값 $p(\theta^{(k-1)}|X)/q(\theta^{(k-1)}|\theta')$보다 증가한다면 추출된 θ'는 항상 채택된다. 이와 같이 사후분포로부터 직접 표본추출이 어려운 경우 표본추출이 쉬운 분포함수를 이용하는 방법이 메트로폴리스-헤스팅스(Metropolis-Hastings) 방법이다. 메트로폴리스-헤스팅스 방법은 깁스 표본기법과는 달리 매번 추출된 표본의 채택여부를 결정한다. 예를 들어 k번째 표본 $\theta^{(k)}$는 다음과 같은 절차를 통해 결정된다.

① $\theta' \sim q(\theta|\theta^{(k-1)})$로부터 θ'의 추출

② 채택확률 α의 결정

$$\alpha^* = \left[p(\theta'|x)/q(\theta'|\theta^{(k-1)}\right] / \left[p(\theta^{(k-1)}|x)/q(\theta^{(k-1)}|\theta')\right] = \frac{p(\theta'|x)}{p(\theta^{(k-1)}|x)}\frac{q(\theta^{(k-1)}|\theta')}{q(\theta'|\theta^{(k-1)})}$$

$$\alpha = \min\{1, \alpha^*\}$$

③ $\theta^{(k)}$의 결정

$$u \sim U(0,1) \ \text{(균일분포)}$$

$$\theta^{(k)} = \begin{cases} \theta' & \text{if } u \le \alpha \\ \theta^{(k-1)} & \text{if } u > \alpha \end{cases}$$

여기에서 $p(\theta|x)$는 목적밀도함수(target density), $q(\theta'|\theta)$는 표본생성밀도함수(sample generating density)라고 부른다. α^*는 채택확률 α의 계산에 사용되는 척도로서 k 번째의 목적밀도함수와 표본생성밀도함수의 비와 $(k-1)$번째의 목적밀도함수와 표본생성밀도함수의 비를 나타내며 α^*이 1보다 크게 되면 α는 1이 되므로 θ'는 항상 채택된다. α^*가 1보다 작더라도 θ'가 채택될 수도 있지만 아주 작다면 θ'는 채택되지 않고 이전의 값이 $\theta^{(k-1)}$로 유지될 것이다. 또한 표본생성밀도가 대칭인 경우, 즉 $q(\theta'|\theta^{(k-1)}) = q(\theta^{(k-1)}|\theta')$인 경우에는 α^*는 다음과 같이 k 번째 목적밀도와 $(k-1)$번째 목적밀도의 비로 정의될 수 있으며 랜덤워크(random walk)의 경우가 된다.

$$\alpha^* = p(\theta'|x)/p(\theta^{(k-1)}|x) \tag{4.6}$$

메트로폴리스-헤스팅스 방법을 통해 생성된 표본 $\theta^{(k)}$는 깁스 표본기법과 같이 k가 커짐에 따라서 사후분포 $p(\theta|x)$로 수렴하기 때문에 수렴시점 이후의 표본을 이용하여 θ에 대한 특성을 추론한다.

예제 4-5 확률변수 X는 다음과 같이 코시분포(Cauchy distribution)를 따르며 확률밀도함수는 다음과 같이 주어진다.

$$f(x|x_0, \gamma) = \frac{1}{\pi\gamma} \left[\frac{\gamma^2}{(x - x_0)^2 + \gamma^2} \right]$$

$x_0 = 0, \gamma = 1$일 때 정규분포 $N(0,1)$를 표본생성밀도함수로 사용하여 확률변수 X의 분포를 추정해 보라.

풀이 R에는 코시분포와 관련된 rcauchy, dcauchy, qcauchy, pcauchy 함수들이 있지만, 여기서는 이들 함수를 사용하지 않고 정규분포를 이용하여 코시분포를 추정해 보도록 하자. 코시분포의 확률변수를 X, 정규분포의 확률변수를 Y라고 하면 다음과 같이 나타낼 수 있다.

$X \sim Cauchy(0,1)$, $Y \sim N(0,1)$

정규분포 $N(0,1)$를 표본생성밀도함수로 사용하여 목적밀도함수인 코시분포 $Cauchy(0,1)$를 추정하기 위해 메트로폴리스-해스팅스 방법을 사용할 수 있으며, 표본의 채택여부를 위해 α^*를 계산하면 다음과 같다.

$$\alpha^* = \frac{f(Y')}{f(Y^{(k-1)})} \frac{q(Y^{(k-1)}|Y')}{q(Y'|Y^{(k-1)})} \tag{A}$$

위의 식에서 표본생성밀도함수 $q()$로부터 표본생성을 독립적으로 수행하면

$$\alpha^* = \frac{f(Y')}{f(Y^{(k-1)})} \frac{q(Y^{(k-1)})}{q(Y')} \tag{B}$$

이 된다. Y'은 표본생성밀도함수 $q()$로부터 k번째 얻어진 표본이며 $f()$는 코시분포의 확률밀도함수에 해당한다. α^*는 표본생성밀도함수, 즉 $N(0,1)$으로부터 얻어진 표본 Y'이 목적밀도함수인 코시분포의 표본으로 채택될 수 있는지에 대한 판정기준으로 사용된다. 즉, $\alpha = \min\{1, \alpha^*\}$라고 하면

$u \sim U(0,1)$ (균일분포)

$$X^{(k)} = \begin{cases} Y' & \text{if } u \leq \alpha \\ X^{(k-1)} & \text{if } u > \alpha \end{cases}$$

가 된다. 다음의 R 코드를 이용해 보자.

```
set.seed(1234)
Nsim=10^5
X=c(rt(1,1)) # X의 초기값 설정
cauf=function(x) {1/(pi*(x^2+1))}  # 코시분포에 대한 확률밀도함수(목적밀도함수)
for (k in 2:Nsim) {
  Y=rnorm(1,mean=0,sd=1) # 표본생성밀도함수로부터 표본생성
  alpha=cauf(Y)*dnorm(X[k-1])/(cauf(X[k-1])*dnorm(Y)) # α* 계산(식 B)
  X[k]=X[k-1]+(Y-X[k-1])*(runif(1)<alpha)
}
ind=(Nsim/2+1):Nsim # 수렴이후의 샘플선택을 위한 인덱스
x11() # 그림 E4.5
hist(X[ind], prob=T,main="",xlab="")
x=seq(-4,4,len=100)
lines(x,cauf(x),lwd=2)
```

위의 코드에서 for 루프 내에서 진행되는 계산은 아래와 같이 요약된다.

① 정규분포 $N(0,1)$로부터 하나의 표본 Y 추출
② 식 B로부터 α^* 계산
③ Y을 X로 채택여부 결정

X[k]=X[k-1]+(Y-X[k-1])*(runif(1)<alpha)의 의미는 다음과 같다.

0과 1사이에서 균일한 분포를 나타내는 함수로부터 하나의 표본을 취하여 그 표본이 α보다 작다면 ①에서 추출된 표본 Y을 X의 표본으로 채택하고, 균일분포로부터 취한 표본이 α보다 크거나 같다면 Y은 X의 표본으로 채택되지 않고 그 이전에 X의 표본이 현재의 X의 표본으로 채택된다.
위의 과정을 100,000번 반복한 뒤, 충분한 수렴이 이루어진 부분을 선택하여 X의 분포를 살펴보면 그림 E4.5의 히스토그램과 같으며 실선은 실제 코시분포의 확률밀도함수의 그래프를 나타낸다.

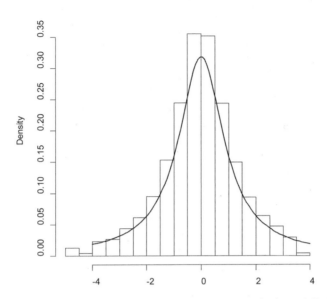

그림 E4.5 메트로폴리스–헤스팅스 방법을 사용하여 정규분포 N(0,1)로부터 추정된
코시분포 Cauchy(0,1)(히스토그램)과 실제 코시분포의 확률밀도함수(실선)

예제 4-6 분산이 1이고 평균 θ가 알려지지 않은 정규분포로부터 독립적으로 15개의 관측값을 얻어 평균을 취하였더니 0.0565가 얻어졌다. θ에 대한 사전분포가 다음과 같을 때 θ에 대한 사후분포와 사후기대치를 메트로폴리스–헤스팅스 알고리즘을 이용하여 계산해 보라.

$$p(\theta) = \frac{1}{\pi(1+\theta^2)}$$

풀이 정규분포 $N(\theta,1)$로부터 얻어진 관측치를 $x_1, x_2, \cdots, x_n$ $(n=15)$이라고 하면 θ의 사후분포는 다음과 같다.

$$p(\theta|x) \propto \exp\left\{-\frac{\sum_{i=1}^{n}(x_i-\theta)^2}{2}\right\} \times \frac{1}{1+\theta^2} \propto \exp\left\{-\frac{n(\theta-\overline{x})^2}{2}\right\} \times \frac{1}{1+\theta^2} \quad \text{(A)}$$

식 A로 표현된 θ의 사후분포를 추정하기 위해 표본생성밀도함수로서 다음의 코시분포를 사용해 보자.

$$q(\theta|\theta^{(k-1)}) = \frac{1}{\pi(1+\theta^2)} \quad \text{(B)}$$

식 B는 $\theta \sim Cauchy(0,1)$로 나타내기도 하며, θ가 독립적으로 추출될 때 $q(\theta|\theta^{(k-1)})$ $=q(\theta)$이므로 $k-1$ 번째 추출된 $\theta^{(k-1)}$은 현재 추출되는 θ에 아무런 영향을 주

지 않음을 알 수 있다. 표본생성밀도함수 $q(\theta)$로부터 추출되는 표본으로부터 사후분포 $p(\theta|x)$ (식 A)를 추정하기 위해 다음과 같이 메트로폴리스-헤스팅스 방법을 사용해 보자.

① $\theta \sim Cauchy(0,1)$ (식 B)로부터 k번째 θ'의 추출 (R에서 제공되는 rcauchy 함수 이용)

② 채택확률 α의 결정

$$\alpha(\theta^{(k-1)}, \theta') = \min\left\{1, \frac{p(\theta'|x)}{p(\theta^{(k-1)}|x)} \frac{q(\theta^{(k-1)})}{q(\theta')}\right\}$$

③ $\theta^{(k)}$의 결정

$u \sim U(0,1)$ (균일분포)

$$\theta^{(k)} = \begin{cases} \theta' & \text{if } u \le \alpha \\ \theta^{(k-1)} & \text{if } u > \alpha \end{cases}$$

편의상 표본생성밀도함수인 코시분포로부터 추출되는 표본 θ'을 Y라고 하고 다음의 R 코드를 이용하여 θ의 사후분포 및 기대치를 계산해 보자.

```
set.seed(1234)
Nsim=1e5
n=15; x.bar=0.0565

postTHETA=function(theta) exp(-n*(theta-x.bar)^2/2)/(1+theta^2) # 식 A
THETA=c(rcauchy(1,location=0,scale=1)) # θ의 초기값 설정
for (k in 2:Nsim) {
  Y=rcauchy(1,location=0,scale=1) # 식 B로부터 표본추출
  alpha=postTHETA(Y)*dcauchy(THETA[k-1],0,1)/
                (postTHETA(THETA[k-1])*dcauchy(Y))
  THETA[k]=THETA[k-1]+(Y-THETA[k-1])*(runif(1)<alpha)
}
ind=(Nsim/2+1):Nsim
round(mean(THETA[ind]),3)
[1] 0.054
CI.THETA = quantile(THETA[ind], c(.025,.975))
round(CI.THETA,3)
 2.5% 97.5%
-0.431  0.535
x11() # 그림 E4.6
hist(THETA[ind], prob=T,main="",xlab=expression(theta))
```

위의 R 코드에서 rcauchy 함수는 cauchy 분포로부터 표본을 얻기 위해 사용되었다. rcauchy(n,location,scale)에서 n은 추출되는 표본의 개수, location과 scale의 디폴트값은 각각 0과 1이다. 즉, rcauchy(1,location=0, scale=1)과 rcauchy(1)은 동일한 결과를 생성한다. 그림 E4.6은 추정된 θ의 사후분포를 나타내며 θ는 0.054로서 정규분포로부터 얻어진 15개 관측값의 평균인 0.0565에 근접함을 알 수 있다.

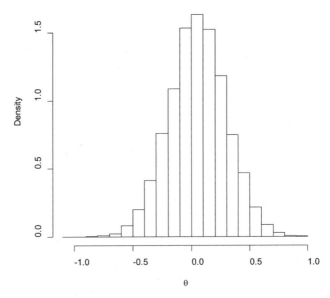

그림 E4.6 메트로폴리스–헤스팅스 알고리즘을 통해 추정된 θ의 사후분포.

예제 4-7　목적밀도함수 $f(x)$가 다음과 같이 주어질 때 균일분포 $U(x-1, x+1)$를 표본생성밀도함수로 사용하여 목적밀도함수의 분포를 추정해 보라.

$$f(x) = \left(\sin^2 x\right)\left(\frac{1}{\sqrt{2\pi}} e^{-x^2/2}\right)$$

풀이　표본생성밀도함수를 $q(y|x)$라고 하면

$$q(y|x) = \begin{cases} \dfrac{1}{2} & x-1 \leq y \leq x+1 \\ 0 & otherwise \end{cases}$$

이므로 $q(y|x)$는 주어진 x에 대해 대칭임을 알 수 있다. 따라서 메트로폴리스-헤스팅스 방법에서 k 번째 표본채택 확률은 다음과 같다.

$$\alpha = \min\left\{1, \frac{f(Y')}{f(Y^{(k-1)})}\right\}$$

여기에서 Y'은 표본생성밀도함수로부터 k번 째 추출된 표본에 해당한다.

```
Target=function(x){  # 목적밀도함수정의
   sin(x)^2*dnorm(x)} # 목적밀도함수는 (sin²x)×N(0,1)로 해석될 수 있다
Metropolis=function(x){ # 메트로폴리스-헤스팅스 방법을 구현한 함수
   y=runif(1,x-1,x+1)
   if (runif(1)>Target(y)/Target(x)) y=x
   return(y)}

Nsim=1e4
x=rep(1,Nsim)
for (k in 2:Nsim) x[k]=Metropolis(x[k-1])
ind=(Nsim/2+1):Nsim
x11() # 그림 E4.7
hist(x[ind],prob=T,breaks=seq(-3,3,0.1))
x1=seq(-3,3,0.1)
lines(x1,Target(x1))
```

그림 E4.7에서 히스토그램은 메트로폴리스-헤스팅스 방법을 통해 표본생성밀도함수로부터 추정된 목적밀도함수를, 실선은 실제 목적밀도함수를 각각 나타낸다.

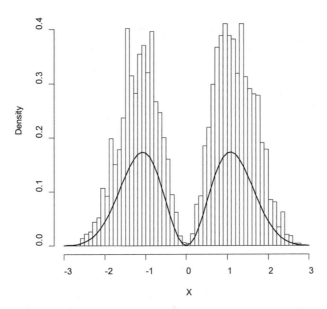

그림 E4.7 표본생성밀도함수 $U(x-1, x+1)$를 이용하여 추정된 목적밀도함수(히스토그램)과
실제 목적밀도함수(실선).

4.3   라플라스 근사 방법

사후분포 혹은 사후기대치를 구하기 위해 깁스 표본기법이나 메트로폴리스-헤스팅스 방법은 적절한 분포함수로부터 표본추출을 통한 시뮬레이션을 활용함을 앞에서 살펴보았다. 여기서는 표본추출 기법을 이용하지 않고 분포함수에 대한 적분을 수리적으로 근사하는 방법에 대해 알아보기로 하자. 사후분포를 $f(\theta|x)$라고 할 때 다음의 적분을 고려해 보자.

$$\int_A f(\theta|x)d\theta \tag{4.7}$$

여기에서 A는 적분구간을, x는 관측된 데이터로서 고정된다. $f(\theta|x)$가 양의 값을 가지며 적분가능한 함수라고 할 때 $f(\theta|x) = e^{nh(\theta|x)}$ (n은 관측된 데이터의 개수)로 두고 θ_0를 중심으로 지수부분의 $h(\theta|x)$를 테일러 전개를 한 뒤 이차항까지만 취하면 다음의 근사식을 얻을 수 있다.

$$h(\theta|x) \approx h(\theta_0|x) + (\theta - \theta_0)h'(\theta_0|x) + \frac{(\theta-\theta_0)^2}{2!}h''(\theta_0|x) \tag{4.8}$$

$h(\theta|x)$가 최대일 때의 θ의 값을 $\hat{\theta}$라고 하면 $h'(\hat{\theta}|x) = 0$이 되며 $h''(\hat{\theta}|x) < 0$이 된다. 따라서 식 4.8에서 $\theta_0 = \hat{\theta}$으로 두면

$$h(\theta|x) \approx h(\hat{\theta}|x) + \frac{(\theta-\hat{\theta})^2}{2!}h''(\hat{\theta}|x) \tag{4.9}$$

이 된다. 식 4.9를 이용하여 $f(\theta|x) = e^{nh(\theta|x)} \approx e^{nh(\hat{\theta}|x) + n(\theta-\hat{\theta})^2 h''(\hat{\theta}|x)/2}$로 근사하면 식 4.7은 다음과 같이 나타낼 수 있다.

$$\int_A f(\theta|x)d\theta = \int_A e^{nh(\theta|x)}d\theta \approx e^{nh(\hat{\theta}|x)} \int_A e^{n\frac{(\theta-\hat{\theta})^2}{2}h''(\hat{\theta}|x)}d\theta \tag{4.10}$$

θ가 단변수가 아닌 경우 $h''(\theta|x)$는 헤시안 행렬(Hessian matrix)로서

$$h''(\theta|x) = \left(\frac{\partial^2}{\partial\theta_i \partial\theta_j} h(\theta|x) \right) \tag{4.11}$$

이 된다. 식 4.10에서 피적분함수는 평균이 $\hat{\theta}$이고 분산이 $-1/nh''(\hat{\theta}|x)$인 정규분포의 커널(kernel)이 됨을 알 수 있다. 따라서 적분구간이 $A = [a,b]$이고 표준 정규분포 함수의 누적분포함수(cumulative distribution function)을 $\psi(\cdot)$라고 하면 식 4.10은 다음과 같이 나타낼 수 있다.

$$\int_a^b f(\theta|x)d\theta = \int_a^b e^{nh(\theta|x)}d\theta \tag{4.12}$$

$$\simeq e^{nh(\hat{\theta}|x)}\sqrt{\frac{2\pi}{-nh''(\hat{\theta}|x)}}\left\{ \psi\left[\sqrt{-nh''(\hat{\theta}|x)}\,(b-\hat{\theta}) \right] - \psi\left[\sqrt{-nh''(\hat{\theta}|x)}\,(a-\hat{\theta}) \right] \right\}$$

이와 같이 사후분포를 최빈값(mode)을 중심으로 하는 정규분포에 근사하는 방법을 라플라스 근사(Laplace approximation)라고 부른다.

예제 4-8 사후분포 $p(\theta|x)$에서 최빈값을 θ_0라고 할 때 다음의 근사식이 성립한다. 사후분포 $p(\theta|x)$는 어떤 분포가 되겠는가?

$$\ln p(\theta|x) \simeq \ln\theta_0 + \frac{1}{2}A(\theta-\theta_0)^2 \qquad (A<0)$$

풀이 $\ln\theta_0 + (1/2)A(\theta-\theta_0)^2 = \ln\left[\theta_0 e^{A(\theta-\theta_0)^2/2}\right]$ 이므로

$$p(\theta|x) = \theta_0 e^{-\frac{(\theta-\theta_0)^2}{2/(-A)}} \tag{1}$$

가 된다. $\theta_0 = 1/\sqrt{2\pi(1/-A)}$ 로 두면 식 1은 다음과 같이 나타낼 수 있다.

$$p(\theta|x) = \frac{1}{\sqrt{2\pi/(-A)}} e^{-\frac{(\theta-\theta_0)^2}{2/(-A)}} \tag{2}$$

식 2는 평균이 θ_0이고 분산이 $-1/A$인 정규분포와 같다.

예제 4-9 라플라스 근사를 이용하여 다음과 같이 주어지는 사후분포 $p(\theta|x)$를 근사하는 정규분포를 구하여라. $\sum x_i = 4.59$이다.

$$\ln p(\theta|x) = 20\ln\theta + 20\ln(\theta+1) - \{1+\textstyle\sum x_i\}\theta$$

풀이 $\sum x_i = 4.59$이므로 사후분포는 다음과 같이 θ의 함수로 정리된다.

$$\ln p(\theta) = 20\ln\theta + 20\ln(\theta+1) - 5.59\theta \qquad ①$$

식 ①에 대한 라플라스 근사는

$$\ln p(\theta) \simeq \ln p(\hat\theta) - \frac{1}{2}A(\theta-\hat\theta)^2 \,,\ A = -\frac{d^2}{d\theta^2}\ln p(\theta)\bigg|_{\theta=\hat\theta} \qquad ②$$

가 되며, $\hat\theta$는 $p(\theta)$ 혹은 $\ln p(\theta)$가 최대일 때의 θ 값에 해당한다. 식 ②는 $p(\theta)$가 $N(\hat\theta, 1/A)$에 근접함을 나타낸다. $\hat\theta$를 구하기 위해 R에서 제공되는 optimize 함수를 이용해 보자.

```
post=function(theta) 20*log(theta)+20*log(theta+1)-5.59*theta # 식 ①
 optimize(f=post, maximum=TRUE, interval=c(0,100))
$`maximum`
[1] 6.690415
$objective
[1] 41.41359
```

위의 결과를 통해 $\hat\theta = 6.69$임을 알 수 있다. 이제 식 ②에서 A를 계산하기 위해 식 ①을 미분해 보자.

$$\frac{d}{d\theta}\ln p(\theta) = \frac{20}{\theta} + \frac{20}{\theta+1} - 5.59, \quad \frac{d^2}{d\theta^2}\ln p(\theta) = -\frac{20}{\theta^2} - \frac{20}{(\theta+1)^2} \qquad ③$$

식 ③을 이용하여 A를 계산하면 $A = -d^2(\ln p(\theta))/d\theta^2\big|_{\theta=6.69} = 0.785$이다. 따라서 $p(\theta)$에 근사하는 정규분포는 $N(6.69, 1/0.785) = N(6.69, 1.29)$가 된다.

예제 4-10 평균이 μ이고 표준편차가 σ인 정규분포로 얻어진 관측치 x가 다음과 같을 때 μ와 σ의 최빈값을 라플라스 근사를 이용하여 계산하여라. μ와 σ에 대한 사전분포는 각각 $\mu \sim N(0,100^2)$, $\ln\sigma \sim N(0,4^2)$이다.

$X = \{10.96, 2.77, 8.38, 18.11, 6.55, 20.21, 14.72, 20.41, 19.59, 7.93\}$

풀이 추정하고자 하는 매개변수를 $\theta = (\mu, \sigma)$라고 할 때 라플라스 근사에 의하면 θ의 사후기대치는 사후분포함수의 로그, 즉 $\ln p(\theta|x)$가 최대일 때의 θ 값에 해당하므로 R에서 제공하는 optim 함수를 이용하여 문제를 풀어보자.

```
x=c(10.96, 2.77, 8.38, 18.11, 6.55, 20.21, 14.72, 20.41, 19.59, 7.93)
model=function(theta, x) {
  log.likh = sum(dnorm(x, theta["mu"], theta["sigma"], log = T)) # 로그우도
  log.post = log.likh + dnorm(theta["mu"],0,100, log =T)+
                  dlnorm(theta["sigma"],0,4,log=T)
  log.post # 사후분포함수의 로그값
}
inits = c(mu = 0, sigma = 1) #μ와 lnσ의 초기치
fit = optim(inits, model, control = list(fnscale = -1), hessian = TRUE, x = x)
param_mean = fit$par
param_cov_mat = solve(-fit$hessian) # 공분산 행렬계산
param_cov_mat
              mu          sigma
mu     3.385582109 -0.002780629
sigma -0.002780629  1.516421350
round(param_mean, 2) # μ와 σ의 사후기대치
   mu sigma
12.96  5.82
```

위의 코드에서 model 함수는 사후분포의 로그를 계산하며 로그 우도와 로그 사전분포의 합으로 구성된다. dnorm은 정규분포 밀도함수를, dlnorm은 로그-정규분포 밀도함수를 나타낸다. opmtim 함수는 목적함수(여기서는 사후분포의 로그(model 함수))를 최소화하는 매개변수 θ를 찾기 때문에 fnscale = -1를 설정함으로써 목적함수를 최대화하도록 하였다. 사후분포함수가 최대가 될 때의 μ와 σ는 각각 12.96, 5.82가 되므로 사후분포에 대한 라플라스 근사는 $N(12.96, 5.82^2)$이 된다. R 패키지 "LearnBayes"에는 사후분포함수의 최빈값을 계산해 주는 laplace 함수가 있으며, 이를 이용해 μ와 σ의 최빈값을 계산해 보면 다음과 같다.

```
require(LearnBayes) # laplace 함수가 들어있는 패키지 로더
LPost=function(theta, x) { # theta[1]=μ, theta[2]=σ
  log.likh = sum(dnorm(x, theta[1], theta[2], log = T))
  log.post = log.likh + dnorm(theta[1], 0, 100, log = T) +
                   dlnorm(theta[2],0, 4,log = T)
  return(log.post)
}
fitlap=laplace(LPost,c(0,1),x) # LPpost: 로그사후분포, c(0,1): μ와 σ의 초기치, x:
fitlap                  # 데이터
```

```
$`mode`    # 최빈값 (순서대로 μ, σ)
[1] 12.957663   5.819556
$var      # 공분산(1: μ, 2: σ)
             [,1]          [,2]
[1,]   3.385582109 -0.002780629
[2,]  -0.002780629  1.516421350
$int
[1] -39.40525
$converge
[1] TRUE
```

```
x11() # 그림 E4.10
mycontour(post,c(0,25,0,20),x,xlab=expression(mu),
          ylab=expression(log(sigma)))
```

위의 결과에서 보는 바와 같이 laplace 함수의 결과는 앞서 optim 함수와 동일한 결과를 나타내는데, 이것은 laplace 함수의 내부에 optim 함수를 사용하고 있기 때문이다. 그림 E4.10은 사후 μ와 σ의 등고선 그래프를 나타낸다.

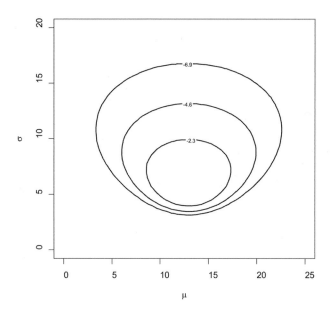

그림 E4.10 사후 μ와 σ의 등고선 그래프. 등고선 위의 숫자는 사후분포함수의 로그값을 나타낸다.

예제 4-11 μ와 σ에 대한 무정보 사전분포를 $p(\mu,\sigma) = 1/\sigma$를 이용하여 예제 4.10의 문제를 다시
풀어보라.

풀이 μ와 σ에 대한 무정보 사전분포가 $p(\mu,\sigma) = 1/\sigma$이므로 사후분포는 다음과 같다.

$$p(\mu,\sigma|x) \propto \sigma^{-1} \prod_{i=1}^{n} \left[\left(2\pi\sigma^2\right)^{-1/2} \exp\left(-\frac{(x-\mu)^2}{2\sigma^2} \right) \right]$$

이 된다. 라프라스 근사는 로그 사후분포함수의 형태를 사용한다는 것에 주의하
면서 다음의 R 코드를 이용해 보자.

```
require(LearnBayes) # laplace 함수를 사용을 위한 패키지 로더
x=c(10.96, 2.77, 8.38, 18.11, 6.55, 20.21, 14.72, 20.41, 19.59, 7.93)
n=length(x)
Post=function(theta,x) { # 로그 사후분포함수 정의
  mu=theta[1]; sigma=theta[2]
  log.likh = sum(dnorm(x, mu, sigma, log = T)-log(sigma))
  return(log.likh)
}
start=c(0,1)
fitlap=laplace(Post,start,x) # 라프라스 근사
```

```
$`mode`   # 사후분포 최빈값 (순서대로 μ, σ)
[1] 12.967520  4.341071
$var
              [,1]          [,2]
[1,] 1.8844921577 0.0009812996
[2,] 0.0009812996 0.4712248485
$int
[1] -46.77187
$converge
[1] TRUE
```

위에서 얻어진 최빈값은 사전정보가 주어진 예제 4.10과 비교해 보면 μ의 경우는 유사하지만 σ의 경우는 약간 차이가 남을 알 수 있다. laplace 함수를 통해 얻어진 공분산은 시뮬레이션을 이용한 μ, σ의 사후표본 추출에 이용될 수 있다. LearnBayes 패키지에 있는 rwmetrop 함수는 랜덤워크(random walk) 메트로폴리스 방법을, gibbs 함수는 깁스 표본기법을 사용하여 표본을 추출한다. 두 함수를 이용하여 μ, σ의 사후표본을 얻어보도록 하자.

```
# laplace 함수의 결과를 이용하여 랜덤워크 메트로폴리스 방법을 통한 표본추출
proposal=list(var=fitlap$var, scale=2)
start=c(10,2) # μ, σ의 초기치
m=5000
MP=rwmetrop(Post,proposal,start,m,x)
# 깁스 표본기법을 이용한 표본추출
Gib=gibbs(Post,start,m,c(0.5,0.5),x)
apply(MP$par,2,mean) # 랜덤워크 메트로폴리스 방법에 의한 μ, σ의 사후평균(순서대로)
[1] 13.046983  4.875643
apply(Gib$par,2,mean) # 깁스 표본기법 의한 μ, σ의 사후평균(순서대로)
[1] 13.320383  4.834599
x11() # 그림 E4.11
par(mfrow=c(2,2))
hist(MP$par[,1],prob=T,main="Random walk Metropolis",ylab="Density",
                       xlab=expression(mu))
hist(MP$par[,2],prob=T,main="Random walk Metropolis",ylab="Density",
                         xlab=expression(sigma))
hist(Gib$par[,1],prob=T,main="Gibbs
                       sampling",ylab="Density",xlab=expression(mu))
hist(Gib$par[,2],prob=T,main="Gibbs
                       sampling",ylab="Density",xlab=expression(sigma))
```

위에서 랜덤워크 메트로폴리스 방법을 사용하는 rwmetrop 함수와 깁스 표본기법을 사용하는 gibbs 함수의 인수를 살펴보면 다음과 같다.

```
rwmetrop(Post,proposal,start,m,x)
gibbs(Post,start,m,c(0.5,0.5),x)
```

Post: 로그 사후분포함수, proposal: 공분산과 스케일 정보가 들어 있는 리스트, start: μ와 σ의 초기치, m: 추출한 표본의 개수, x: 데이터

gibbs 함수의 인수 가운데 "c(0.5,0.5)"는 스케일 변수로서 조정 가능한 값이다. 두 방법에 의해 추출된 비슷한 표본들의 평균의 거의 유사하며 그림 E4.11에서 보는 바와 같이 비슷한 분포를 보이고 있다.

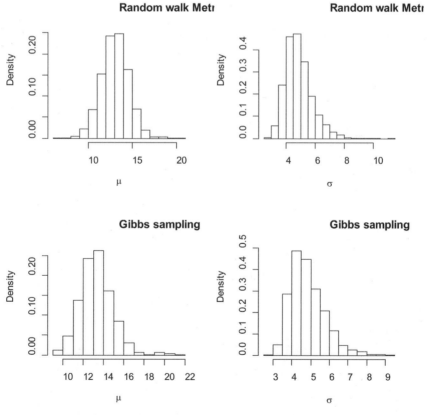

그림 E4.11 랜덤워크 메트로폴리스 방법과 깁스 표본기법을 통해 추출된 표본들의 분포.

4.4   기대-최대화 방법

로그우도함수나 로그사후분포함수가 주어질 때 표본의 추출이나 미분 등을 통해 사후 분포의 특성을 추정하는 방법에 대하여 앞에서 살펴보았으며 누락되거나 관측되지 않은 데이터가 없다는 가정이 전제되어 있다. 하지만, 통계모델에서 관측되지 않는 잠재변수들을 포함할 때가 많이 있다. 여기서는 데이터가 불완전할 경우에 매개변수를 추정하는 방법에 대해서 살펴보기로 한다. 모집단의 분포함수 $g(x|\theta)$로부터 독립적으로 관측된 데이터가 $x_1, ..., x_n$이고 누락된 데이터 $z_1, ..., z_m$일 때 다음과 같이 우도함수를 최대화시키는 매개변수의 값 $\hat{\theta}$를 계산하기를 원하는 경우를 생각해 보자.

$$\hat{\theta} = \arg\max L(\theta|\boldsymbol{x}) = \arg\max \prod_{i=1}^{n} g(x_i|\theta) \tag{4.13}$$

관측된 데이터 x가 주어질 때 누락된 데이터 z의 조건부분포를 $k(z|\theta, x)$로, x와 z의 결합확률분포를 $X, Z \sim f(\boldsymbol{x}, \boldsymbol{z}|\theta)$라고 하면

$$k(\boldsymbol{z}|\theta, \boldsymbol{x}) = \frac{f(\boldsymbol{x}, \boldsymbol{z}|\theta)}{g(\boldsymbol{x}|\theta)} \tag{4.14}$$

이 된다. 관측 데이터와 누락된 데이터가 주어졌을 때 우도함수를 $L^c(\theta|\boldsymbol{x}, \boldsymbol{z})$라고 한다면 임의 θ_0에 대하여 다음의 식이 성립함을 알 수 있다.

$$\ln L(\theta|\boldsymbol{x}) = E_{\theta_0}\left[\ln L^c(\theta|\boldsymbol{x}, \boldsymbol{z})\right] - E_{\theta_0}\left[\ln k(\boldsymbol{z}|\theta, \boldsymbol{x})\right] \tag{4.15}$$

식 4.15에서 로그우도함수 $\ln L(\theta|\boldsymbol{x})$를 최대화하기 위해서는 우변의 첫째항만 고려하면 되며 로그우도함수를 최대화하는 $\hat{\theta}$를 계산하는 기대-최대화(Expectation-Maximization) 방법은 다음과 같다.

① $k(\boldsymbol{z}|\hat{\theta}_m, \boldsymbol{x})$에 대하여 $Q(\theta|\hat{\theta}_{(m)}, \boldsymbol{x}) = E_{\hat{\theta}_{(m)}}\left[\ln L^c(\theta|\boldsymbol{x}, \boldsymbol{z})\right]$를 계산 (Expectation step)

② $\theta_{(m+1)} = \arg\max Q(\theta|\hat{\theta}_{(m)}, \boldsymbol{x})$ (Maximization step)

$Q(\theta|\hat{\theta}_{(m)}, \boldsymbol{x})$ 의 값이 더 이상 증가하지 않을 때까지 위의 ①, ② 과정을 반복하여 최종적으로 얻어지는 θ의 값을 구하면 된다. 즉, 기대-최대화 방법은 로그우도함수를 직접적으로 증가시키기보다 완전데이터(관측데이터+누락데이터)에 대한 로그우도함수의 기대치인 $Q(\theta|\hat{\theta}_{(m)}, \boldsymbol{x})$를 증가시키는 θ를 찾음으로 로그우도함수를 증가시키게 된다. 간단한 예로서 특정한 단백질과 결합하는 DNA 염기서열들의 특징을 분석하는 경우를 생각해 보자. DNA의 특정 위치에서 4 종류의 염기 즉, A(아데닌), T(티민), G(구아닌), C(시토신)가 나타나는 빈도를 각각 변수 y_1, y_2, y_3, y_4로, 출현확률을 각각 $1/2+\theta/4$, $(1-\theta)/4$, $(1-\theta)/4$, $\theta/4$라고 하면 y_1, y_2, y_3, y_4는 다음과 다항분포(multinomial distribution)로 표현할 수 있다.

$$(y_1, y_2, y_3, y_4) \sim M\left(n; \frac{1}{2}+\frac{\theta}{4}, \frac{1}{4}(1-\theta), \frac{1}{4}(1-\theta), \frac{\theta}{4}\right) \tag{4.16}$$

여기에서 n은 DNA의 특정위치에서 관측되는 총 염기의 수가 된다. 식 4.16에서 관심이 있는 것은 관측값 y_1, y_2, y_3, y_4를 통해 θ를 추정하고자 하는 것이며 로그우도함수는

$$\ln L(\theta|y) = y_1 \ln\left(\frac{1}{2}+\frac{1}{4}\theta\right) + y_2 \ln\left(\frac{1-\theta}{4}\right) + y_3 \ln\left(\frac{1-\theta}{4}\right) + y_4 \ln\left(\frac{\theta}{4}\right) \tag{4.17}$$

이 된다(θ와 무관한 상수부분은 제외됨). 식 4.17에서 우변의 첫째항에서 $(1/2+\theta/4)$는 계산이 복잡하므로 두 부분으로 나누어 보자. 즉, $y_1 = z_1 + z_2$로 두면 식 4.16는 다음과 같이 나타낼 수 있다.

$$(z_1, z_2, y_2, y_3, y_4) \sim M\left(n; \frac{1}{2}, \frac{\theta}{4}, \frac{1}{4}(1-\theta), \frac{1}{4}(1-\theta), \frac{\theta}{4}\right) \tag{4.18}$$

따라서 θ와 무관한 상수부분은 제외한 로그우도함수는

$$\ln L(\theta|z, y) = (z_2 + y_4) \ln\left(\frac{1}{4}\theta\right) + (y_2 + y_3) \ln\left(\frac{1-\theta}{4}\right) \tag{4.19}$$

이 된다. 식 4.17이 본래의 로그우도함수($\ln L(\theta|y)$)라면 식 4.19는 완전데이터에 대한 로그우도함수($\ln L^c(\theta|z, y)$)에 해당한다. 식 4.19를 θ에 대하여 미분한 뒤 0으로 두면

$$\hat{\theta} = \frac{z_2 + y_4}{z_2 + y_2 + y_3 + y_4} \tag{4.20}$$

이 된다. 식 4.20에서 z_2의 값은 y와 θ가 주어졌을 때의 z_2의 기대치에 해당한다. $y_1 = z_1 + z_2$에서 y_1이 주어진다 해도 z_2는 알 수 없지만 z_1과 z_2가 이항분포를 따르는 것은 추측할 수 있다.

$$z_1|y,\theta \sim B\left(y_1, \frac{1/2}{1/2 + \theta/4}\right), z_2|y,\theta \sim B\left(y_1, \frac{\theta/4}{1/2 + \theta/4}\right) \tag{4.21}$$

따라서 $E(z_2|y,\theta) = (\theta/4)y_1/(1/2 + \theta/4)$임을 알 수 있으며 식 4.20의 z_2에 대입하면

$$\hat{\theta} = \frac{y_1 \dfrac{\theta/4}{1/2 + \theta/4} + y_4}{y_1 \dfrac{\theta/4}{1/2 + \theta/4} + y_2 + y_3 + y_4} \tag{4.22}$$

이 된다. $y = (10, 15, 45, 17)$인 경우 식 4.22를 이용하여 $\hat{\theta}$를 계산해 보면 다음과 같다.

```
y=c(10,15,45,17)
thetaHat=numeric(10)
theta=0.5 # θ의 초기치
for(i in 1:10) {
num=y[1]*(theta/4)/(1/2+theta/4)+y[4]
denom=y[1]*(theta/4)/(1/2+theta/4)+y[2]+y[3]+y[4]
thetaHat[i]=num/denom # θ̂의 계산
theta=thetaHat[i]
}
thetaHat
 [1] 0.2405063 0.2314929 0.2311378 0.2311237 0.2311232 0.2311232
 [7] 0.2311232 0.2311232 0.2311232 0.2311232
```

위의 결과에서 보는 바와 같이 반복과정을 통해 θ는 빠르게 수렴한다.

예제 4-12 확률변수 X가 다음과 같이 두 분포함수 $g(\cdot)$와 $h(\cdot)$의 혼합으로 구성된 분포를 따른다.

$$X_i \sim \theta g(x) + (1-\theta)h(x), \; i = 1, 2, ..., n$$

여기에서 θ는 각 분포로부터 X_i가 추출될 확률을 나타낸다. 관측값 $x_1, x_2, ..., x_n$이 주어질 때 기대–최대화 방법에서 θ의 추정값 $\hat{\theta}$에 대한 다음 식을 유도해 보라.

$$\hat{\theta}_{(j+1)} = \frac{1}{n} \sum_{i=1}^{n} \frac{\hat{\theta}_{(j)} g(x_i)}{\hat{\theta}_{(j)} g(x_i) + (1-\hat{\theta}_{(j)})h(x_i)}$$

풀이 $x_1, x_2, ..., x_n$이 $g(\cdot)$와 $h(\cdot)$ 중 어느 분포로부터 추출되었는지 나타내기 위해 다음과 같이 새로운 변수 Z_i를 도입해 보자.

$$X_i | Z_i = 1 \sim g(x), \; X_i | Z_i = 0 \sim h(x) \tag{A}$$

식 A는 Z_i가 1이면 $g(x)$로부터 Z_i가 0이면 $h(x)$로부터 X_i가 추출됨을 나타낸다. Z_i는 모르기 때문에 결측값 혹은 잠재변수의 값으로 생각될 수 있다. 따라서 완전데이터에 대한 우도함수 및 로그우도함수는 다음과 같다.

$$L^c(\theta | \boldsymbol{x}, \boldsymbol{z}) = \prod_{i=1}^{n} \left[z_i (g(x_i) + (1-z_i)h(x_i)) \right] \theta^{z_i} (1-\theta)^{1-z_i} \tag{B}$$

$$\ln L^c(\theta | \boldsymbol{x}, \boldsymbol{z}) = \sum_{i=1}^{n} \left(\ln \left[z_i (g(x_i) + (1-z_i)h(x_i)) \right] + z_i \ln \theta + (1-z_i)\ln(1-\theta) \right) \tag{C}$$

로그우도함수(식 C)를 θ에 대해 미분한 뒤 0으로 두면

$$\sum_{i=1}^{n} \left[\frac{z_i}{\theta} - \frac{1-z_i}{1-\theta} \right] = 0 \quad \rightarrow \quad \theta = \frac{1}{n} \sum_{i=1}^{n} z_i \tag{D}$$

이 된다. $E(Z_i | x_i, \theta) = \theta g(x_i) / (\theta g(x_i) + (1-\theta)h(x_i))$이므로 식 D의 z_i에 z_i의 기대치를 대입하면 다음의 식을 얻을 수 있다.

$$\theta = \frac{1}{n} \sum_{i=1}^{n} \frac{\theta g(x_i)}{\theta g(x_i) + (1-\theta)h(x_i)} \tag{F}$$

위의 식에서 좌변에 θ의 자리에 j번째 추정값인 $\hat{\theta}_{(j)}$를 대입하여 계산된 값을 $\hat{\theta}_{(j+1)}$라고 하면 원하는 식이 얻어진다.

예제 4-13   다음과 같이 두 정규분포의 합으로 구성된 혼합분포를 고려해 보자.

$$z \sim Multimonial(0.6, 0.4) \ , \ x|z=1 \sim N(0,1) \ , \ x|z=2 \sim N(6,2^2)$$

이 혼합분포로부터 하나의 관측값 $x = 2$를 얻었다면 $N(0,1)$로부터 얻어졌을 확률은 얼마인가?

풀이   관측값 x에 대하여 관측되지 않은 z를 잠재변수로 두면 $p(z=1) = 0.6, p(z=2) = 0.4$가 되면 혼합분포는 다음과 같이 나타낼 수 있다.

$$p(z=1)N(0,1) + p(z=2)N(6,2^2)$$

따라서

$$p(z=1|x) = \frac{p(z=1)p(x|z=1)}{p(z=1)p(x|z=1) + p(z=2)p(x|z=2)}$$

이므로 R에서 다음과 같이 간단히 계산될 수 있다.

```
0.6*dnorm(2,0,1)/(0.6*dnorm(2,0,1)+0.4*dnorm(2,6,2))
[1] 0.75
```

예제 4-14   두 정규분포의 합으로 구성된 혼합분포 $0.7N(0,1) + 0.3N(6,2)$에 대한 1,000개의 표본을 얻은 후에 표본의 분포를 그래프로 나타낸 보라. 또한, 표본 데이터를 이용하여 다음 모델의 매개변수 $\theta, \mu_1, \mu_2, \sigma_1^2, \sigma_2^2$ 를 추정해 보고 원래의 값과 비교해 보라.

$$\theta N(\mu_1, \sigma_1^2) + (1-\theta)N(\mu_2, \sigma_2^2)$$

풀이   혼합분포로부터 표본의 추출을 위해 다음과 같이 R의 sample 함수를 이용해 보자.

```
N = 1000
components = sample(1:2,prob=c(0.7,0.3),size=N,replace=TRUE)
mus = c(0,6)
sds = sqrt(c(1,2))
Y= rnorm(n=N,mean=mus[components],sd=sds[components])
x11() # 그림 E.4.14
plot(density(Y),main="",xlab="",lwd=2)
```

위의 코드에서 sample(1:2,prob=c(0.7,0.3),size=N,replace=TRUE)는 샘플공간 "1,2"에서 "1"을 선택할 확률은 0.7, "2"를 선택할 확률은 0.3이며, 하나의 샘플을 취한 후에는 샘플공간은 항상 복원되는 조건에서 N개의 샘플을 취하라는 의미 이다. 따라서 components는 원소로서 1과 2를 가지는 길이가 N인 벡터가 된다. 변수 mus와 sds는 각각 정규분포의 평균과 표준편차를 저장한다. Y=rnorm (n=N,mean=mus[components],sd=sds[components])는 혼합분포로부터 표본을 추출하는 기능을 한다. 예를 들어 rnorm(3,mus[1 2 1],sds[1 2 1])인 경우는 혼합 분포로부터 3개의 샘플을 추출할 때 첫 번째 샘플은 $N(0,1)$로부터, 두 번째 샘플은 $N(6,2)$로부터, 세 번째 샘플은 다시 $N(0,1)$로부터 추출하라는 의미이다. 좀 더 이해하기 쉽도록 코드를 풀어 쓰면 다음과 같이 쓸 수도 있다.

```
samples=numeric(n)
for(i in 1:n){
  ifelse(runif(1)<.7, (samples[i]=rnorm(1,0,1)), (samples[i]=rnorm(1,6,2)))
}
```

norm 함수는 인수로 분산이 아니라 표준편차가 사용됨에 유의하자. 혼합분포로부터 얻어진 표본의 분포는 그림 E.4.14와 같다.

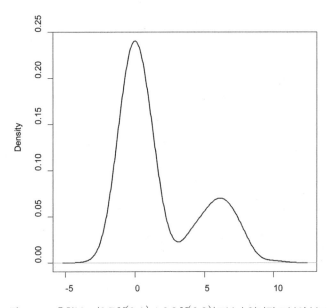

그림 E.4.14 혼합분포 $(0.7N(0,1) + 0.3N(6,2))$로부터 얻어진 표본의 분포.

이제 혼합분포로부터 얻어진 표본으로부터 역으로 혼합분포에 대한 매개변수를 추정하는 경우를 살펴보자. 즉, 관측된 데이터를 바탕으로 혼합분포 $\theta N(\mu_1, \sigma_1^2) + (1-\theta)N(\mu_2, \sigma_2^2)$ 에 대한 모수 $\theta, \mu_1, \mu_2, \sigma_1^2, \sigma_2^2$ 를 추정하기를 원한다. 데이터 y_i가 어느 정규분포로부터 추출되었는지를 나타내 위해 새로운 변수 z_i를 도입하자. $z_i = 1$이면 $N(\mu_1, \sigma_1^2)$로부터, $z_i = 2$이면 $N(\mu_2, \sigma_2^2)$로부터 추출된다고 하면 z_i의 사후확률은

$$r_{ik} = p(z_i = k|y_i) = \frac{p(z_i = k)p(y_i|z_i = k)}{\sum_{k'} p(z_i = k')p(y_i|z_i = k')} \tag{A}$$

이 되며 기대-최대화 방법에서 E-단계에 해당한다. 식 (A)에서 $k = 1$일 때의 다음과 같이 나타낼 수 있다.

$$r_{i1} = p(z_i = 1|y_i) = \frac{\theta\, dnorm(y_i, \mu_1, \sigma_1)}{\theta\, dnorm(y_i, \mu_1, \sigma_1) + (1-\theta)\, dnorm(y_i, \mu_2, \sigma_2)} \tag{B}$$

식 B에서 dnorm은 정규분포의 밀도를 계산하는 R의 함수를 나타낸다. 식 A를 최대화하기 위해 로그를 취한 뒤 각 매개변수에 대해 미분하고 0으로 두면 다음 식을 얻을 수 있다(기대-최대화 방법에서 M-단계).

$$r_k = \frac{\sum_{i=1}^{n} r_{ik}}{n} \tag{C}$$

$$\mu_k = \frac{1}{\sum_{i=1}^{n} r_{ik}} \sum_{i=1}^{n} r_{ik} x_i \tag{D}$$

$$\sigma_k^2 = \frac{1}{\sum_{i=1}^{n} r_{ik}} \sum_{i=1}^{n} r_{ik}(x_i - \mu_k)^2 \tag{E}$$

식 B~E를 이용하여 $\theta, \mu_1, \mu_2, \sigma_1^2, \sigma_2^2$ 추정해 보자.

```
# 기대-최대화 방법에 대한 함수정의
EMstep=function(Y,p){
  EZ=p[1]*dnorm(Y,p[2],sqrt(p[4]))/(p[1]*dnorm(Y,p[2],sqrt(p[4]))+    # 식 B
           (1-p[1])*dnorm(Y,p[3],sqrt(p[5])))
  p[1]=mean(EZ)                                  # 식 C (θ 계산)
  p[2]=sum(EZ*Y)/sum(EZ)                         # 식 D(μ₁ 계산)
  p[3]=sum((1-EZ)*Y)/sum(1-EZ)                   # 식 D(μ₂ 계산)
  p[4]=sum(EZ*(Y-p[2])^2)/sum(EZ)               # 식 E(σ₁² 계산)
  p[5]=sum((1-EZ)*(Y-p[3])^2)/sum(1-EZ)         # 식 E(σ₂² 계산)
```

```
    return(p)
}
EMiter=function(Y,p,n=10) {
  pm=NULL
  for (i in 1:n) {
    p=EMstep(Y,p)
    pm=rbind(pm,p)
  }
  return(pm)
}
```

p0=c(0.3,1,3,0.5,1) # $\theta, \mu_1, \mu_2, \sigma_1^2, \sigma_2^2$ 의 초기치 (순서대로)

res=EMiter(Y,p0,15) # 기대-최대화 방법을 15회 반복

res # $\theta, \mu_1, \mu_2, \sigma_1^2, \sigma_2^2$ (순서대로)

```
        [,1]           [,2]        [,3]        [,4]        [,5]
p 0.6183469  -0.103335724  4.933625  0.8053038  6.221465
p 0.6405810  -0.070072320  5.185934  0.8319477  5.471140
p 0.6584116  -0.049451983  5.420546  0.8595596  4.579998
p 0.6735009  -0.028633615  5.630400  0.8846228  3.742309
p 0.6854151  -0.007490827  5.798658  0.9098433  3.074811
p 0.6936410   0.010660556  5.913460  0.9346748  2.634858
p 0.6985267   0.023459990  5.979464  0.9554302  2.395032
p 0.7011010   0.031058384  6.012938  0.9694770  2.280007
p 0.7023611   0.035050056  6.028842  0.9774643  2.227625
p 0.7029545   0.037001089  6.036199  0.9815347  2.204005
p 0.7032288   0.037919579  6.039568  0.9834904  2.193333
p 0.7033546   0.038344162  6.041105  0.9844032  2.188495
p 0.7034120   0.038538756  6.041806  0.9848234  2.186299
p 0.7034381   0.038627590  6.042124  0.9850156  2.185300
p 0.7034500   0.038668070  6.042269  0.9851033  2.184846
```

위의 코드에서 변수 p의 경우 p[1]=θ, p[2]=μ_1,p[3]=μ_2, p[4]=σ_1^2, p[5]=σ_2^2에 해당
한다. 15번의 반복결과 얻어진 매개변수의 추정값은 본래 혼합분포의 매개변수
의 값과 유사함을 알 수 있다.

CHAPTER **5**

베이지안 회귀분석

5.1 선형모형

5.2 매개변수의 추정

5.3 일반화 선형모형

종속변수(dependent variable)와 독립변수(independent variable) 간의 관계를 모형화하고 조사하는 통계적 방법을 회귀분석(regression analysis)라고 한다. 종속변수는 관심의 대상이 되는 변수이고 독립변수는 종속변수에 영향을 미치는 변수이다. 예를 들어 화학공정에서 온도 T, 압력 P 및 촉매의 양 W에 따라 수율 Y가 어떻게 변하는지 조사하고자 할 경우, Y는 종속변수, T, P, W는 독립변수에 해당한다. 독립변수는 종속변수의 변화를 설명하기 위해 사용되기 때문에 설명변수(explanatory variable)라고 부르기도 하며 이에 대해 종속변수는 반응변수(response variable)라고 부르기도 한다. 베이지안 회귀분석에서는 반응변수를 확률변수로 취급하며 설명변수에 대한 값(데이터 혹은 관측치)가 주어졌을 때 조건부분포로 나타난다고 가정한다. 반응변수와 설명변수의 관계는 선형 혹은 비선형 모형 등으로 표현되며 이에 대한 베이지안 추론을 살펴보기로 하자.

5.1 선형모형

다음의 표와 같이 반응변수 y와 k개의 설명변수 $x_1,...,x_k$로 구성된 경우를 고려해 보자.

y	x_1	x_2	$\cdots$	x_k
y_1	x_{11}	x_{12}	$\cdots$	x_{1k}
y_2	x_{21}	x_{22}	$\cdots$	x_{2k}
$\vdots$	$\vdots$	$\vdots$		
y_n	x_{n1}	x_{n2}	$\cdots$	x_{nk}

y_i의 조건부평균을 설명변수 $x_{i1},...,x_{ik}$의 선형조합으로 나타내면

$$E[y_i|\boldsymbol{\beta},\boldsymbol{x}] = \beta_0 + \beta_1 x_{i1} + \beta_2 x_{i2} + ... + \beta_k x_{ik} \tag{5.1}$$

이 되며, $\boldsymbol{\beta} = (\beta_0, \beta_1, \cdots, \beta_k), \boldsymbol{x} = (x_{i1}, x_{i2}, \cdots, x_{ik})$ 이다. y_i의 조건부평균이 대략적인 정규분포를 따르고 분산이 x와 상관없이 σ^2으로 일정하다면

$$y_i | \boldsymbol{\beta}, \boldsymbol{x} \sim \boldsymbol{N}(\beta_0 + \beta_1 x_{i1} + \beta_2 x_{i2} + \ldots + \beta_k x_{ik}, \sigma^2) \qquad (5.2)$$

혹은

$$y_i = \beta_0 + \beta_1 x_{i1} + \beta_2 x_{i2} + \ldots + \beta_k x_{ik} + \epsilon_i \quad , \qquad \epsilon_i \sim N(0, \sigma^2) \qquad (5.3)$$

이 된다. 식 5.2에서 개체 $i = 1, 2, \cdots, n$로 확장하면

$$\boldsymbol{Y} | \boldsymbol{\beta}, \sigma^2, \boldsymbol{X} \sim N(\boldsymbol{X}\boldsymbol{\beta}, \sigma^2 \boldsymbol{I_n}) \qquad (5.4)$$

이 된다. 여기에서 $\boldsymbol{Y}[n \times 1], \boldsymbol{\beta}\,[(k+1) \times 1], \boldsymbol{X}\,[n \times (k+1)], \boldsymbol{I_n}[n \times n], \epsilon\,[n \times 1]$는 행렬로서 다음과 같다.

$$\boldsymbol{Y} = \begin{bmatrix} y_1 \\ y_2 \\ \vdots \\ y_n \end{bmatrix}, \boldsymbol{\beta} = \begin{bmatrix} \beta_0 \\ \beta_1 \\ \vdots \\ \beta_k \end{bmatrix}, \boldsymbol{X} = \begin{bmatrix} 1 & x_{11} & \cdots & x_{1k} \\ 1 & x_{21} & \cdots & x_{2k} \\ \vdots & \vdots & & \vdots \\ 1 & x_{n1} & \cdots & x_{nk} \end{bmatrix}, \boldsymbol{I_n} = \begin{bmatrix} 1 & 0 & \cdots & 0 \\ 0 & 1 & \cdots & 0 \\ \vdots & \vdots & & \vdots \\ 0 & 0 & \cdots & 1 \end{bmatrix}, \epsilon = \begin{bmatrix} \epsilon_1 \\ \epsilon_2 \\ \vdots \\ \epsilon_n \end{bmatrix} \qquad (5.5)$$

관측치 $y = (y_1, y_2, \cdots, y_n)$에 대한 결합밀도함수 즉, 우도함수는 다음과 같다.

$$
\begin{aligned}
p(y_1, \ldots, y_n | \boldsymbol{\beta}, \sigma^2, \boldsymbol{X}) &= \prod_{i=1}^{n} f(y_i | \boldsymbol{\beta}, \sigma^2, \boldsymbol{X}) \qquad (5.6) \\
&= \prod_{i=1}^{n} (2\pi\sigma^2)^{-1/2} \exp\left\{ -\frac{(y_i - \beta_0 - \beta_1 x_{i1} - \cdots - \beta_k x_{ik})^2}{2\sigma^2} \right\} \\
&= (2\pi\sigma^2)^{-n/2} \exp\left\{ \frac{\sum_{i=1}^{n} (y_i - \beta_0 - \beta_1 x_{i1} - \cdots - \beta_k x_{ik})^2}{2\sigma^2} \right\} \\
&= (2\pi\sigma^2)^{-n/2} \exp\left\{ -\frac{1}{2\sigma^2} (\boldsymbol{Y} - \boldsymbol{X}\boldsymbol{\beta})' (\boldsymbol{Y} - \boldsymbol{X}\boldsymbol{\beta}) \right\}
\end{aligned}
$$

5.2 매개변수의 추정

정규선형모형(식 5.4)에서 설명변수 X로부터 반응변수 Y를 계산하기 위해서는 매개변수 β에 대한 정보가 필요하다. 매개변수 β의 추정은 우도함수를 최대화를 이용하는 방법과 사전정보를 이용하는 베이지안 접근방법이 있다. 우도함수의 최대화를 통해 매개변수를 추정하는 방법은 고전적 통계에서 잔차제곱합(sum of squares of residual)의 최소화 방법과 동일결과를 나타낸다. 예를 들어, 식 5.6의 우도함수를 $L(\beta, \sigma^2; Y, X)$로 나타내고 우도함수가 최대일 때의 β, σ^2를 계산해 보자. 우도함수에 로그를 취하면

$$\ln L(\beta, \sigma^2; Y, X) = -\frac{n}{2}\ln(2\pi) - \frac{n}{2}\ln(\sigma^2) - \frac{1}{2\sigma^2}(Y - X\beta)'(Y - X\beta) \tag{5.7}$$

여기에서 $(Y - X\beta)'$은 $(Y - X\beta)$의 행과 열이 바뀐 전치행렬을 나타낸다. 식 5.7에서 β에 대한 편미분을 구하면

$$\frac{\partial \ln L(\beta, \sigma^2; X, Y)}{\partial \beta} = -\frac{1}{2\sigma^2}(-2X'Y + 2X'X\beta) \tag{5.8}$$

이 된다. 식 5.8을 스코아 함수(score function)라고 부르며 스코아 함수가 0일 때의 β의 값을 b라고 하면 다음과 같다.

$$(-2X'Y + 2X'X\hat{\beta}) = 0 \quad \text{또는} \quad \hat{\beta} = (X'X)^{-1}X'Y \tag{5.9}$$

$\beta = \hat{\beta}$일 때 스코아 함수, 즉 로그우도함수의 미분은 0이 되며 로그우도함수는 최대가 된다. 로그우도함수가 최대일 때 우도함수도 최대가 되므로 $\hat{\beta}$는 최우추정치(maximum likelihood estimation)라고 부른다.

유사한 방법으로 식 5.7에서 β가 $\hat{\beta}$로 주어진 경우에 분산 σ^2에 대한 최우추정치을 계산하기 위해 식 5.7을 σ^2에 대해 편미분해 보자.

$$\frac{\partial \ln L(\sigma^2; Y, X, \hat{\beta})}{\partial \sigma^2} = -\frac{n}{2\sigma^2} + \frac{1}{2\sigma^4}(Y - X\hat{\beta})'(Y - X\hat{\beta}) \tag{5.10}$$

식 5.10이 0일 때의 σ^2의 값을 $\hat{\sigma}^2$라고 하면

$$\hat{\sigma}^2 = \frac{1}{n}(\boldsymbol{Y}-\boldsymbol{X}\hat{\beta})'(\boldsymbol{Y}-\boldsymbol{X}\hat{\beta}) \tag{5.11}$$

이 된다. 식 5.11에서 $\hat{\sigma}^2$이 불편추정량이 되기 위해서는 다음과 같이 n의 자리에 자유도 즉, $n-k-1$(n: 관측의 횟수, k: 설명변수의 개수)가 사용되어야 한다.

$$\hat{\sigma}^2 = \frac{1}{n-k-1}(\boldsymbol{Y}-\boldsymbol{X}\hat{\beta})'(\boldsymbol{Y}-\boldsymbol{X}\hat{\beta}) \tag{5.12}$$

식 5.9와 5.12에서 매개변수 β, σ^2에 대한 추정치는 우도함수가 최대일 때 얻어지며 점 추정량이 된다. 이와는 달리 사전분포를 이용하여 β, σ^2의 사후분포를 계산하는 방법을 살펴보도록 하자. 식 5.7의 우도함수는 다음과 같이 나타낼 수 있다.

$$L(\beta, \sigma^2|\boldsymbol{Y},\boldsymbol{X}) = (2\pi\sigma^2)^{-n/2}\exp\left[-\frac{1}{2\sigma^2}(\boldsymbol{Y}-\boldsymbol{X}\hat{\beta})'(\boldsymbol{Y}-\boldsymbol{X}\hat{\beta}) - \frac{1}{2\sigma^2}(\beta-\hat{\beta})(\boldsymbol{X}'\boldsymbol{X})(\beta-\hat{\beta})\right] \tag{5.13}$$

위의 식에서 σ^2이 주어질 경우에는 가우스 형태의 함수가 주어지며, β가 주어질 경우에는 역감마분포의 형태를 제시한다. 따라서 다음과 같은 반공액(semi-conjugate) 사전분포를 가정할 수 있다.

$$\beta|\sigma^2, \boldsymbol{X} \sim N(\beta_0, \Sigma_0) \tag{5.14}$$

$$\sigma^2|\boldsymbol{X} \sim IG(a,b) \qquad (a>0, b>0) \tag{5.15}$$

여기에서 Σ_0은 공분산을 나타낸다. 반공액의 의미는 조건부사전분포와 조건부사후분포가 공액관계를 보이는 것을 의미한다.

식 5.14과 5.15로부터 β와 σ^2의 결합사후밀도분포는 다음과 같이 나타낼 수 있다.

$$p(\beta, \sigma^2|\boldsymbol{Y},\boldsymbol{X}) \propto (\sigma^2)^{-n/2}\exp\left\{-\frac{1}{2\sigma^2}(\boldsymbol{Y}-\boldsymbol{X}\beta)'(\boldsymbol{Y}-\boldsymbol{X}\beta)\right\} \tag{5.16}$$

$$\times \exp\left\{-\frac{1}{2}(\beta-\beta_0)'\Sigma_0^{-1}(\beta-\beta_0)\right\} \times (\sigma^2)^{-a-1}e^{-b/\sigma^2}$$

식 5.16로부터 σ^2이 주어질 경우 β의 조건부사후분포는

$$p(\beta|\sigma^2, \boldsymbol{Y}, \boldsymbol{X}) \propto \exp\left\{-\frac{1}{2}\left\{\frac{1}{\sigma^2}\beta'\boldsymbol{X}'\boldsymbol{X}\beta - \frac{2}{\sigma^2}\beta'\boldsymbol{X}'\boldsymbol{Y}\right\} - \frac{1}{2}\left\{\beta'\Sigma_0^{-1}\beta_0 - 2\beta'\Sigma_0^{-1}\beta_0\right\}\right\} \tag{5.17}$$

$$\propto \exp\left\{-\frac{1}{2}\left\{\beta'\left(\frac{1}{\sigma^2}\boldsymbol{X}'\boldsymbol{X} + \Sigma_0^{-1}\right)\beta - 2\beta'\left(\frac{1}{\sigma^2}\boldsymbol{X}'\boldsymbol{Y} + \Sigma_0^{-1}\beta_0\right)\right\}\right\}$$

$$\propto N(\mu_\beta, \Sigma_\beta)$$

이 되며, 여기서 μ_β와 Σ_β는

$$\mu_\beta = \left(\frac{1}{\sigma^2}\boldsymbol{X}'\boldsymbol{Y} + \Sigma_0^{-1}\beta_0\right)\Sigma_\beta \ , \ \Sigma_\beta = \left(\frac{1}{\sigma^2}\boldsymbol{X}'\boldsymbol{X} + \Sigma_0^{-1}\right)^{-1} \tag{5.18}$$

가 된다. 또한 식 5.16에서 β가 주어질 경우 σ^2의 조건부사후분포는 다음과 같다.

$$p(\sigma^2|\beta, \boldsymbol{Y}, \boldsymbol{X}) \propto (\sigma^2)^{-n/2-a-1}\exp\left[-\frac{1}{\sigma^2}\left\{\frac{1}{2}(\boldsymbol{Y}-\boldsymbol{X}\beta)'(\boldsymbol{Y}-\boldsymbol{X}\beta) + b\right\}\right] \tag{5.19}$$

$$\sim IGamma\left(a + \frac{n}{2}, b + \frac{\sum_{i=1}^{n}(y_i - x_i'\beta)^2}{2}\right)$$

β에 대한 사전분포 $N(\beta_0, \Sigma_0)$와 분산 σ^2이 주어진다면 식 5.18을 이용하여 μ_β와 Σ_β를 계산할 수 있으며, β의 사후분포 $N(\mu_\beta, \Sigma_\beta)$로부터 β의 표본을 얻을 수 있다. 또한 β 표본이 얻어지면 식 5.19를 이용하여 역감마분포로부터 σ^2에 대한 표본을 얻을 수 있으므로 깁스 표본기법을 통해 사후추론이 가능하다. 하지만 β_0와 Σ_0를 모르는 경우가 대부분이며 이런 경우에는 보통 최우추정치 $\hat{\beta}$를 β_0로, Σ_0은 $\hat{\beta}$의 분산인 $\sigma^2(\boldsymbol{X}'\boldsymbol{X})^{-1}$에 비례하도록 한다. 즉, K를 비례상수라고 하면 $\Sigma_0 = K\sigma^2(\boldsymbol{X}'\boldsymbol{X})^{-1}$로 둔다. K가 클수록 사전정보는 작아진다. $\beta_0 = \hat{\beta}, \Sigma_0 = K\sigma^2(\boldsymbol{X}'\boldsymbol{X})^{-1}$로 둘 때 식 5.18을 이용하여 β의 사후평균과 분산을 계산하면

$$\mu_\beta = \left(\frac{1}{\sigma^2}(\boldsymbol{X}'\boldsymbol{X})\hat{\beta} + \Sigma_0^{-1}\beta_0\right)\Sigma_\beta = \left(\frac{1}{\sigma^2}(\boldsymbol{X}'\boldsymbol{X})\hat{\beta} + \frac{1}{K\sigma^2}(\boldsymbol{X}'\boldsymbol{X})\hat{\beta}\right)\Sigma_\beta \tag{5.20}$$

$$= \left(\frac{K+1}{K}\right)\frac{1}{\sigma^2}(\boldsymbol{X}'\boldsymbol{X})\hat{\beta}\left(\frac{K}{K+1}\right)\sigma^2(\boldsymbol{X}'\boldsymbol{X})^{-1} = \hat{\beta}$$

$$\Sigma_{\beta} = \left(\frac{1}{\sigma^2} X'X + \Sigma_0^{-1} \right)^{-1} = \left(\frac{1}{\sigma^2} X'X + \frac{1}{K\sigma^2}(X'X) \right)^{-1} = \left(\frac{K}{K+1} \right) \sigma^2 (X'X)^{-1} \tag{5.21}$$

이 된다. 따라서 β의 사후분포는

$$\beta | \sigma^2, Y, X \sim N\left(\hat{\beta}, \frac{K}{K+1} \sigma^2 (X'X)^{-1} \right) \tag{5.22}$$

이 된다. K가 아주 크다면 $K/(K+1) \simeq 1$이 되므로 β에 대한 사후분산은 $\Sigma_{\beta} \simeq \sigma^2 (X'X)^{-1}$ 이 된다. $\beta_0 = \hat{\beta}, \Sigma_0 = K\sigma^2 (X'X)^{-1}$일 때 (β, σ^2)의 결합사후분포는 식 5.13과 유사한 다음의 식으로 나타낼 수 있다.

$$p(\beta, \sigma^2 | Y, X) \propto (\sigma^2)^{-n/2} \exp\left\{ -\frac{1}{2\sigma^2}(Y - X\beta)'(Y - X\beta) \right\} \tag{5.23}$$

$$\times |\sigma^2 (X'X)^{-1}|^{-1/2} \exp\left\{ -\frac{1}{2K\sigma^2}(\beta - \hat{\beta})'(X'X)(\beta - \hat{\beta}) \right\} \times (\sigma^2)^{-a-1} e^{-b/\sigma^2}$$

식 5.23을 β에 대해 적분하면 σ^2의 주변분포는 다음과 같이 된다.

$$\sigma^2 | Y, X \sim IGamma\left(a + \frac{n}{2}, b + \frac{Y'(I_n - X(X'X)^{-1}X')Y}{2} \right) \tag{5.24}$$

위의 식에서는 β에 대한 정보가 필요없음을 알 수 있다. 즉, 식 5.24로부터 σ^2에 대한 표본을 직접 얻을 수 있으므로 깁스 표본기법을 사용하지 않고 다음의 방법을 따라 서로 독립적으로 (β, σ^2)의 사후표본을 얻을 수 있다.

① 식 5.24를 이용하여 σ^2의 표본추출
② 식 5.22를 이용하여 β의 표본추출

위의 ①, ② 과정을 수렴이 이루어질 때까지 반복하면서 (β, σ^2)의 표본을 수집한다.

예제 5-1 $Y|\beta,\sigma^2, X \sim N(X\beta, \sigma^2 I_n)$ 일 때 β의 최우추정치인 $\hat{\beta}$의 분산이 $\sigma^2 (X'X)^{-1}$임을 증명하여라.

풀이   식 5.9에 의해 $\hat{\beta} = (X'X)^{-1} X'Y$이므로 $\hat{\beta}$는 Y의 선형변환임을 알 수 있다. 따라서 $\hat{\beta}$도 정규분포가 되며 평균 $\mu_{\hat{\beta}}$와 분산 $\sigma^2_{\hat{\beta}}$은 다음과 같다.

$$\mu_{\hat{\beta}} = (X'X)^{-1} X'X\beta = \beta \quad , \quad \sigma^2_{\hat{\beta}} = \sigma^2 (X'X)^{-1} X'X(X'X)^{-1} = \sigma^2 (X'X)^{-1}$$

따라서 $\hat{\beta} \sim N(\beta, \sigma^2 (X'X)^{-1})$이 된다.

예제 5-2   다음 데이터 대한 선형모델 $Y = \beta X + \epsilon$ 을 만들고자 한다. 오차 ϵ는 평균이 0이고 분산이 σ^2인 정규분포를 따른다고 할 때 β와 σ^2의 최우추정치를 구하여라.

y	x_1	x_2
195	1.5	853
232	14.5	816
174	21.0	1057
93	42.0	1200
115	32.0	1358
127	39.0	1115

풀이 y를 반응변수, x_1, x_2를 설명변수라고 하면 선형모델은 다음과 같이 나타낼 수 있다.

$$y_i = \beta_0 + \beta_1 x_{i1} + \beta_2 x_{i2} + \epsilon \qquad \epsilon \sim N(0, \sigma^2), \; i = 1, \cdots, 6 \qquad \text{(A)}$$

식 5.9와 5.12에 의해 β와 σ^2에 대한 최우정치는

$$\hat{\beta} = (X'X)^{-1} X'Y, \quad \hat{\sigma}^2 = \frac{1}{n-k-1} (Y - X\hat{\beta})'(Y - X\hat{\beta}) \qquad \text{(B)}$$

이 된다. 식 B에서 n은 관측 개수로서 6이 되며, k는 설명변수의 개수로서 2가 된다.

다음의 R 코드를 이용하여 식 B를 계산해 보자.

```
x2=c(853,816,1057,1200,1358,1115)
X=as.matrix(cbind(rep(1,n),x1,x2))
betahat=solve(t(X)%*%X,t(X)%*%y) # β̂의 계산
round(betahat,4)
```
```
        [,1]
    350.2583    # $\beta_0$
x1  -1.3567     # $\beta_1$
x2  -0.1503     # $\beta_2$
```
```
S2=t(y-X%*%betahat)%*%(y-X%*%betahat)
sigsqhat=S2/(n-k-1)  # $\hat{\sigma}^2$의 계산
round(sigsqhat,4)
```
```
        [,1]
[1,] 627.5267        # $\hat{\sigma}^2$
```

위의 코드에서 $\hat{\beta} = (X'X)^{-1}X'Y$를 계산하기 위해 $(X'X)\hat{\beta} = X'Y$의 방정식을 풀었으며 R에서 제공되는 solve 함수를 이용하였다. 즉, solve(t(X)%*%X, t(X)%*%y)는 방정식 $(X'X)\hat{\beta} = X'Y$의 근 $\hat{\beta}$을 계산한다. "%*%"는 R에서 행렬의 곱셈을 계산하는 연산자이다. R 제공하는 lm 함수를 이용하면 동일한 결과뿐만 아니라 최우추정치에 대한 유의성 정보도 상세히 얻을 수 있다.

```
res=lm(y ~ x1 +x2)
res
```
```
Call:
lm(formula = y ~ x1 + x2)
Coefficients:
(Intercept)            x1           x2
   350.2583        -1.3567      -0.1503
```
```
summary(res)
```
```
Call:
lm(formula = y ~ x1 + x2)
Residuals:
     1        2        3        4        5        6
-24.980   24.094   11.145  -19.866   12.322   -2.715
Coefficients:
```

```
          Estimate Std. Error t value Pr(>|t|)
(Intercept) 350.25834   73.79431   4.746   0.0177 *   # β₀

x1           -1.35668    1.16758  -1.162   0.3293     # β₁

x2           -0.15034    0.08797  -1.709   0.1860     # β₂
---
Signif. codes:  0 '***' 0.001 '**' 0.01 '*' 0.05 '.' 0.1 ' ' 1


Residual standard error: 25.05 on 3 degrees of freedom
Multiple R-squared:  0.8666,  Adjusted R-squared:  0.7777
F-statistic: 9.744 on 2 and 3 DF,  p-value: 0.04872
```

위의 결과를 살펴보면 유의수준으로 5%($p = 0.05$)로 할 때 β_0만 유의하고 β_1과 β_2는 유의하지 않음을 알 수 있다.

예제 5-3 어떤 화학반응에서 반응물의 농도(x)에 따른 반응속도(y)가 다음과 같이 관측되었다.

x(농도)	0.02	0.06	0.12	0.21	0.55	1.15
y(반응속도)	60	103	129	155	195	205

반응물의 농도와 반응속도를 다음의 비선형모델을 통해 해석하고자 할 때 매개변수 β_1과 β_2의 최우추정치를 계산하여라.

$$y_i = \frac{\beta_1 x_i}{\beta_2 + x_i}$$

여기에서 i는 관측개수로서 $i = 1, \dots, 6$이 된다.

풀이 주어진 비선형모델을 다음과 같이 변형해 보자.

$$\frac{1}{y_i} = \frac{\beta_2 + x_i}{\beta_1 x_i} = \frac{1}{\beta_1} + \frac{\beta_2}{\beta_1}\frac{1}{x_i} \tag{A}$$

$Y_i = 1/y_i, X_i = 1/x_i, \alpha_0 = 1/\beta_1, \alpha_1 = \beta_2/\beta_1$라고 하면 식 A는 다음과 같이 선형모델로 표현될 수 있다.

$$Y_i = \alpha_0 + \alpha_1 X_i + \epsilon \tag{B}$$

식 B로부터 α_0와 α_1의 최우추정치는 예제 5.2에서와 동일한 방법을 통해 계산할 수 있으며 이로부터 $1/\alpha_0 = \beta_1, \alpha_1\beta_1 = \beta_2$를 계산할 수 있다. 다음의 R 코드를 이용해 보자.

```
x=c(0.02,0.06,0.12,0.21,0.55,1.15)
y=c(60,103,129,155,195,205)
X=1/x ;Y=1/y
Xm=as.matrix(cbind(rep(1,6),X))
alhat=solve(t(Xm)%*%Xm,t(Xm)%*%Y)  # 식 B로부터 $\alpha_0, \alpha_1$의 최우추정치 계산
beta1=1/alhat[1,1] # $\beta_1$의 최우추정치 계산
beta2=alhat[2,1]*beta1 # $\beta_2$의 최우추정치 계산
beta1
```
```
192.1856
```
```
beta2
```
```
        X
0.04513967
```
```
x11() # 그림 E5.3
plot(x,y,pch=1)
yhat=beta1*x/(beta2+x)
lines(x,yhat,lty=2,lwd=2)
```

위의 결과를 통해 β_1과 β_2의 최우추정치는 각각 192.1856과 0.04513967임을 알 수 있다. 그림 E5.3은 실제 데이터와 비선형모델을 통해 추정된 것을 비교한 것이다.

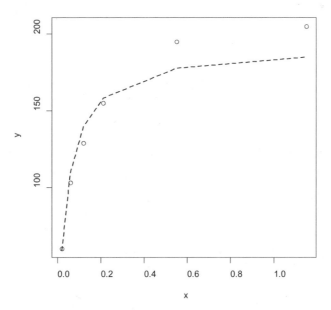

그림 E5.3 실제 데이터(○)와 비선형모델 $(y_i = \hat{\beta}_1 x_i / (\hat{\beta}_2 + x_i))$에 추정된 그래프(점선).

| 예제 5-4 | 어떤 실험을 19회 반복하여 다음과 같은 데이터를 얻었다. |

n	y	x_1	x_2	x_3	x_4
1	8.0	5.2	19.6	94.9	2.1
2	8.3	5.2	19.8	89.7	2.1
3	8.5	5.8	19.6	96.2	2.0
4	8.8	6.4	19.4	95.6	2.2
5	9.0	5.8	18.6	86.5	2.0
6	9.3	5.2	18.8	84.5	2.1
7	9.3	5.6	20.4	88.8	2.2
8	9.5	6.0	19.0	85.7	2.1
9	9.8	5.2	20.8	93.6	2.3
10	10.0	5.8	19.9	86.0	2.1
11	10.3	6.4	18.0	87.1	2.0
12	10.5	6.0	20.6	93.1	2.1
13	10.8	6.2	20.2	83.4	2.2
14	11.0	6.2	20.2	94.5	2.1
15	11.3	6.2	19.2	83.4	1.9
16	11.5	5.6	17.0	85.2	2.1
17	11.8	6.0	19.8	84.1	2.0
18	12.3	5.8	18.8	86.9	2.1
19	12.5	5.6	18.6	83.0	1.9

반응변수 y와 설명변수 x_1, x_2, x_3, x_4의 관계를 선형모델을 이용하여 나타낼 때 최우추정치 $\hat{\beta}, \hat{\sigma}^2$를 계산하여라. 또한 β의 사전분포를 $N(\hat{\beta}, n\sigma^2(X'X)^{-1})$로, σ^2의 사전분포를 $IGamma(2.1, 2)$로 두고 β, σ^2의 사후분포 및 사후기대치를 계산하여라.

$$y_i = \beta_0 + \beta_1 x_{i1} + \beta_2 x_{i2} + \beta_3 x_{i3} + \beta_4 x_{i4} + \epsilon \qquad \epsilon \sim N(0, \sigma^2), i = 1, \cdots, 19$$

| 풀이 | ① β, σ^2의 최우추정치 계산 |

β, σ^2의 최우추정치는 각각 식 5.9와 5.12에 의해 다음과 같이 주어진다.

$$\hat{\beta} = (X'X)^{-1}X'Y \tag{A}$$

$$\hat{\sigma}^2 = \frac{1}{n-k-1}(Y - X\hat{\beta})'(Y - X\hat{\beta}) \tag{B}$$

② β, σ^2의 사후기대치 계산

β의 사전분포가 $N(\hat{\beta}, n\sigma^2(X'X)^{-1})$일 때 사후분포는 식 5.22에 의해

$$\beta|\sigma^2, Y, X \sim N\left(\hat{\beta}, \frac{n}{n+1}\sigma^2(X'X)^{-1}\right) \tag{C}$$

이 되고, σ^2의 사전분포는 $IGamma(2.1, 2)$이므로 사후분포는 식 5.24에 의해

$$\sigma^2|Y, X \sim IGamma\left(2.1 + \frac{n}{2}, 2 + \frac{Y'(I_n - X(X'X)^{-1}X')Y}{2}\right) \tag{D}$$

이 된다. 따라서 식 D로부터 σ^2을 추출한 후 식 C로부터 β를 추출하는 과정을 반복수행함으로써 β와 σ^2의 표본을 수집한다. 사후기대치는 수집된 표본의 평균을 계산함으로 얻어질 수 있다.

다음의 R 코드를 이용하여 β와 σ^2의 ①최우추정치와 ②사후기대치를 계산해 보자.

```
require(MASS) # mvrnorm 함수(다변량정규분포함수)를 사용을 위한 패키지
inv=function(X)  # 대칭행렬의 역행렬계산 함수
{
  EV=eigen(X)
  EV$vector%*%diag(1/EV$values)%*%t(EV$vector)
}
# 데이터(관측값)
y=c(8.0,8.3,8.5,8.8,9.0,9.3,9.3,9.5,9.8,10.0,10.3,10.5,10.8,11.0,11.3,11.5,11.8,
12.3,12.5)
x1=c(5.2,5.2,5.8,6.4,5.8,5.2,5.6,6.0,5.2,5.8,6.4,6.0,6.2,6.2,6.2,5.6,6.0,5.8,5.6
)
x2=c(19.6,19.8,19.6,19.4,18.6,18.8,20.4,19.0,20.8,19.9,18.0,20.6,20.2,20.2,19.2,
17.0,
      19.8,18.8,18.6)
x3=c(94.9,89.7,96.2,95.6,86.5,84.5,88.8,85.7,93.6,86.0,87.1,93.1,83.4,94.5,83.4,
85.2,
      84.1,86.9,83.0)
x4=c(2.1,2.1,2.0,2.2,2.0,2.1,2.2,2.1,2.3,2.1,2.0,2.1,2.2,2.1,1.9,2.1,2.0,2.1,1.9
)
X=as.matrix(cbind(rep(1,19),x1,x2,x3,x4))
n=19; k=4
betahat=solve(t(X)%*%X,t(X)%*%y)    # 식 A
round(betahat,3) # β의 최우추정치
```

```
          [,1]
[1,] 19.605        #  $\hat{\beta}_0$

[2,]  0.920        #  $\hat{\beta}_1$

[3,]  0.059        #  $\hat{\beta}_2$

[4,] -0.153        #  $\hat{\beta}_3$

[5,] -1.140        #  $\hat{\beta}_4$
```

```
S2=t(y-X%*%betahat)%*%(y-X%*%betahat)
sigsqhat=S2/(n-k-1)   #  식 B
round(sigsqhat,3)   #  $\sigma^2$의 최우추정치
```

```
          [,1]
[1,] 1.43
```

```
##########################
## 사후기대치 계산
a=2.1;  b=2
a.p=a+n/2
b.p=b+(t(y)%*%(diag(n)-X%*%inv(t(X)%*%X)%*%t(X))%*%y)/2 # 식 D
m=10^4 # 표본의 크기 설정
sigsq=numeric(m)
beta=matrix(0,m,k)
for (i in 1:m)  {
sigsq[i]=1/rgamma(1,a.p,b.p)   # 식 D
beta[i,]=mvrnorm(1,betahat,(n/(n+1))*sigsq[i]*inv(t(X)%*%X))  # 식 C
}
sigsq.post=mean(sigsq)
beta.post=apply(beta,2,mean)
round(sigsq.post,3) # $\sigma$의 사후기대치
```

```
[1] 1.136
```

```
round(beta.post,3)  # $\beta$의 기대치 (순서대로 $\beta_0, \beta_1, \beta_2, \beta_3, \beta_4$ )
```

```
[1] 19.623  0.914  0.060 -0.154 -1.127
```

```
# 95% 신뢰구간
CI.beta0 = quantile(beta[1:m,1], c(.025,.975))
CI.beta1 = quantile(beta[1:m,2], c(.025,.975))
CI.beta2 = quantile(beta[1:m,3], c(.025,.975))
CI.beta3 = quantile(beta[1:m,4], c(.025,.975))
CI.beta4 = quantile(beta[1:m,5], c(.025,.975))
CI.sigsq = quantile(sigsq[1:m], c(.025,.975))
CI.beta0  # $\beta_0$의 95% 신뢰구간
```

```
    2.5%     97.5%
 3.92858 34.86913
CI.beta1  # $\beta_1$의 95% 신뢰구간
```

```
        2.5%        97.5%
-0.3376752  2.1635060
CI.beta2 #  β₂의 95% 신뢰구간
        2.5%        97.5%
-0.5319622   0.6761476
CI.beta3 #  β₃의 95% 신뢰구간
        2.5%        97.5%
-0.27334704 -0.03542876
CI.beta4 #  β₄의 95% 신뢰구간
       2.5%       97.5%
-6.711579   4.496808
CI.sigsq   #  σ²의 95% 신뢰구간
       2.5%       97.5%
0.6265846 2.0569644
x11() # 그림 E5.4
par(mfrow=c(3,2))
hist(beta[1:m,1],prob=T,xlab="",main=expression(beta[0],breaks=seq(-16,55,0.05)))
hist(beta[1:m,2],prob=T,xlab="",main=expression(beta[1],breaks=seq(-2,1.5,0.01)))
hist(beta[1:m,3],prob=T,xlab="",main=expression(beta[2],breaks=seq(-1.5,1.5,0.01)))
hist(beta[1:m,4],prob=T,xlab="",
         main=expression(beta[3], breaks=seq(-0.5,0.1,0.005)))
hist(beta[1:m,5],prob=T,xlab="",main=expression(beta[4],breaks=seq(-15,11,0.01)))
hist(sigsq[1:m], prob=T,main=expression(sigma^2) ,xlab="",breaks=seq(0,4.5,0.05))
```

위의 결과를 요약하면 다음과 같다.

	β_0	β_1	β_2	β_3	β_4	σ^2
최우추정치	19.605	0.920	0.059	-0.153	-1.140	1.43
사후기대치	19.624	0.914	0.060	-0.154	-1.127	1.136

최우추정치와 사후기대치가 거의 유사한 이유는 $n = 19$일 때 β의 사후분산이 β 의 최우추정치 $\hat{\beta}$의 분산과 거의 유사하기 때문이다. 즉,

$$\frac{n}{n+1}\sigma^2(X'X)^{-1} = \frac{19}{20}\sigma^2(X'X)^{-1} \simeq \sigma^2(X'X)^{-1}$$

위에서 n이 커질수록 사전정보가 사후분포에 미치는 영향력은 작아지게 된다. 그림 E5.4는 β와 σ^2의 사후분포를 나타낸다.

TIP   R 코드 보충설명

역행렬을 계산하기 정의된 inv 함수와 다변량 정규분포에서 표본을 무작위로 추출하기 위해 사용된 mvrnorm 함수(MASS 패키지에 들어 있음)에 대해 잠깐 살펴보자.

① inv 함수

inv 함수는 대칭행렬을 인수로 받아 대칭행렬의 역행렬을 반환한다. inv(t(X)%*%X)에서 인수부분의 "t(X)%*%X"는 다음과 같이 5×5 대칭행렬임을 알 수 있다.

```
t(X)%*%X

            x1       x2        x3        x4
      19.0  110.20   368.30   1682.20    39.60
x1   110.2  642.04  2135.70   9754.46   229.52
x2   368.3 2135.70  7155.45  32643.48   768.43
x3  1682.2 9754.46 32643.48 149323.14  3509.45
x4    39.6  229.52   768.43   3509.45    82.72
```

대칭행렬의 경우 고유벡터로 구성된 행렬을 통한 직교대각화가 가능하다. 즉, 대칭행렬을 X, X의 고유벡터로 구성된 행렬을 P, X의 고유값이 포함한 대각행렬을 D라고 하면 다음의 식이 성립한다.

$$D = P'XP \iff D^{-1} = P'X^{-1}P \iff PD^{-1}P' = X^{-1}$$

여기에서 대각행렬의 역행렬 D^{-1}은 단순히 D에서 대각원소들의 역수를 취한 것과 동일하다. 함수 inv 함수는 이와 같은 방법을 이용하여 대칭행렬의 역행렬을 계산한다.

② mvrnorm 함수

mvrnorm 함수는 rnorm 함수와 같이 유사하게 정규분포로부터 표본을 추출하지만 다변량정규분포로부터 표본을 추출한다. 인수로서 다변량 평균, 공분산(대칭행렬)을 취한다.

mvrnorm(1, betahat, (n/(n+1))*sigsq[i]*inv(t(X)%*%X))

첫 번째 인수 1은 추출되는 표본의 개수를, 두 번째 인수 betahat은 다변량 정규분포에서 각 변수의 평균을 나타내는 벡터를, 세 번째 인수 (n/(n+1))*sigsq[i]*inv(t(X)%*%X)는 공분산 행렬을 나타낸다. 여기서 공분산 행렬은 모든 고유값이 양수인 대칭행렬이어야 하며, inv(t(X)%*%X)를 계산해 보면 다음과 같이 대칭행렬이 됨을 알 수 있다.

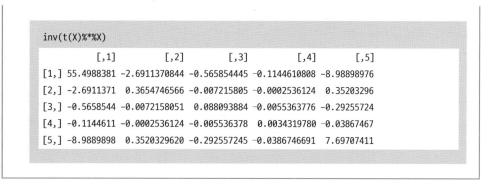

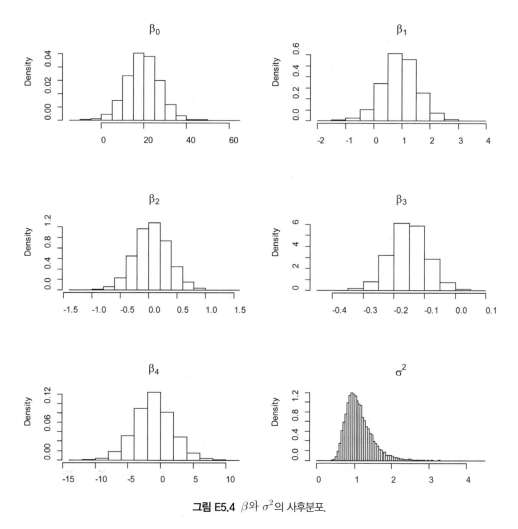

그림 E5.4 β와 σ^2의 사후분포.

예제 5-5 예제 5.4에서 무정보 사전분포 중의 하나인 Zellner's g-prior을 이용하여 β의 사후평균을 계산해 보라.

풀이 Zellner's g-prior는 선형모델에서 매개변수 β에 대해 다변량 정규분포를 가정하는 무정보 사전분포로서 유도가 복잡하므로 여기서는 Zellner's g-prior를 이용한 선형회귀분석 방법이 구현되어 있는 R의 함수를 이용해 보기로 하자. 사용될 함수는 "LearnBayes" 패키지에 있는 blinreg 함수이다. 패키지를 인스톨한 후에 다음의 R 코드를 실행해 보자.

```
require(LearnBayes) # 패키지 로더
# 예제 5.4의 데이터
y=c(8.0,8.3,8.5,8.8,9.0,9.3,9.3,9.5,9.8,10.0,10.3,10.5,10.8,11.0,11.3,11.5,11.8,
12.3,12.5)
x1=c(5.2,5.2,5.8,6.4,5.8,5.2,5.6,6.0,5.2,5.8,6.4,6.0,6.2,6.2,6.2,5.6,6.0,5.8,5.6
)
x2=c(19.6,19.8,19.6,19.4,18.6,18.8,20.4,19.0,20.8,19.9,18.0,20.6,20.2,20.2,19.2,
17.0,
     19.8,18.8,18.6)
x3=c(94.9,89.7,96.2,95.6,86.5,84.5,88.8,85.7,93.6,86.0,87.1,93.1,83.4,94.5,83.4,
85.2,
     84.1,86.9,83.0)
x4=c(2.1,2.1,2.0,2.2,2.0,2.1,2.2,2.1,2.3,2.1,2.0,2.1,2.2,2.1,1.9,2.1,2.0,2.1,1.9
)
X=as.matrix(cbind(rep(1,19),x1,x2,x3,x4))
res=blinreg(y,X,10000) # Zellner's g-prior를 이용한 선형모델의 β, σ²의 표본추출
apply(res$beta,2,mean) # β의 사후평균 (순서대로 β₀,β₁,β₂,β₃,β₄)
         X          Xx1        Xx2        Xx3        Xx4
19.64388260  0.92145750  0.05597785 -0.15269500 -1.16213307
mean(res$sigma) # σ의 사후평균
[1] 1.262385
```

위에서 계산된 β와 σ의 평균은 예제 5.4와 거의 유사함을 알 수 있다. blinreg 함수는 (σ^2, β)에 대한 표본을 얻기 위해 예제 5.4에서와 유사한 방법으로 역감마분포(σ^2에 대한 표본추출), 다변량 정규분포(β에 대한 표본추출)을 이용한다.

5.3   일반화 선형모형

일반화 선형모형(generalized linear model)은 설명변수와 반응변수 사이에 다양한 형태의 관계를 나타내는 모형으로서 $\mu_i = E(Y_i)$라고 할 때, 어떤 함수 g에 대하여 다음의 식을 가정한다.

$$\eta_i = g(\mu_i) = \boldsymbol{x}_i' \boldsymbol{\beta} = \beta_0 + \beta_1 x_{i1} + \cdots + \beta_k x_{ik} \tag{5.25}$$

식 5.25에서 함수 g를 연결함수(link function)라고 부르며 설명변수 $x_{i1}, \cdots, x_{ik}$와 반응변수 Y_i의 기대치 μ_i를 연결해 준다. 만약 $\eta_i = \mu_i$인 경우는 선형모형이 되므로 선형모형은 일반화 선형모형에 포함됨을 알 수 있다. 이항자료에 대해서는 로지스틱 연결함수 (logistic link function)과 프로빗 연결함수(probit link function)를, 포아송 자료에 대해서는 로그 연결함수(log link function)가 자주 사용된다. 여기서는 이항자료를 중심으로 일반화 선형모형의 베이지안 추론에 대해 알아보도록 한다.

어떤 시행의 결과가 성공과 실패, 참과 거짓 등과 같이 오직 두 가지로만 나타나는 경우는 성공확률이 θ인 베르누이 분포 $Ber(\theta)$를 가정할 수 있다. 이 때 반응변수를 Y라고 하면 Y는 0 또는 1의 값을 가진다. 반응변수 $Y_i, i = 1, \cdots, n$의 각각에 대해 기대치, 즉 성공에 대한 확률 θ_i와 설명변수의 선형결합 $\boldsymbol{x}_i' \boldsymbol{\beta}$의 관계를 생각해 보자. 식 5.25에서 $\eta_i = \theta_i$로 두는 것은 적절하지 않음을 알 수 있다. 즉, θ_i는 확률로서 $(0,1)$의 범위를 벗어날 수 없지만 $\boldsymbol{x}_i' \boldsymbol{\beta}$는 이 범위를 벗어날 수 있기 때문이다. 대신에 $\eta_i = g(\theta_i)$로 두고 $0 \leq g^{-1}(\eta_i) \leq 1$를 만족하는 적절한 단조함수 g를 선택할 수 있다. 예를 들면,

① $\eta_i = \log\left(\dfrac{\theta_i}{1 - \theta_i}\right) = \boldsymbol{x}_i' \boldsymbol{\beta}$ (로지스틱 모형)

② $\eta_i = \Phi^{-1}(\theta_i) = \boldsymbol{x}_i' \boldsymbol{\beta}$ (프로빗 모형, Φ^{-1}: 표준 정규분포의 누적분포함수의 역함수)

위의 ①에서 $\theta_i / (1 - \theta_i)$는 성공확률이 실패확률의 몇 배가 되는지를 나타내는 오즈(odds)이므로 로지스틱 모형에서 연결함수는 로그오즈 함수가 되며, $\theta_i = 1/(1 + \exp(-\boldsymbol{x}_i' \boldsymbol{\beta}))$로서 그림 5.1에서 보는 바와 같이 $0 \leq \theta \leq 1$이 된다. n번의 베르시행 결과를 y로 두면 로지스틱 모형의 우도우함수 및 로그우도함수는 다음과 같다.

$$L(\beta|y) = \prod_{i=1}^{n} \left(\frac{1}{1+\exp(-\boldsymbol{x}_i'\boldsymbol{\beta})} \right)^{y_i} \left(\frac{\exp(-\boldsymbol{x}_i'\boldsymbol{\beta})}{1+\exp(-\boldsymbol{x}_i'\boldsymbol{\beta})} \right)^{1-y_i} \tag{5.26}$$

$$\ln L(\beta|y) = \sum_{i=1}^{n} \left[(1-y_i)(-\boldsymbol{x}_i'\boldsymbol{\beta}) - \ln(1+\exp(-\boldsymbol{x}_i'\boldsymbol{\beta})) \right] \tag{5.27}$$

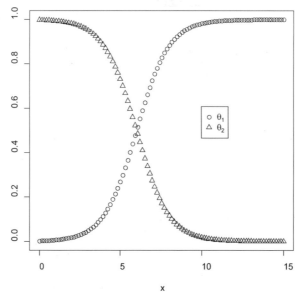

그림 5.1 로직스틱 모형의 예 $\left(\theta_1 = \dfrac{1}{1+e^{6-x}}, \theta_2 = \dfrac{1}{1+e^{-6+x}} \right)$.

프로빗 모형인 경우, Φ 함수는 표준 정규분포의 누적분포함수로서 그림 5.2에서 보는 것과 같이 범위가 0에서 1사이로 국한된 S자 모양의 증가함수가 된다. $\theta_i = \Phi(\boldsymbol{x}_i'\boldsymbol{\beta})$이므로 n번의 베르시행 결과를 y로 두면 우도함수와 로그우도함수는

$$L(\beta|\boldsymbol{y}) = \prod_{i=1}^{n} \Phi(\boldsymbol{x}_i'\boldsymbol{\beta})^{y_i} (1-\Phi(\boldsymbol{x}_i'\boldsymbol{\beta}))^{1-y_i} \tag{5.28}$$

$$\ln L(\beta|\boldsymbol{y}) = \sum_{i=1}^{n} \left[y_i \ln \Phi(\boldsymbol{x}_i'\boldsymbol{\beta}) + (1-y_i)\ln(1-\Phi(\boldsymbol{x}_i'\boldsymbol{\beta})) \right] \tag{5.29}$$

이 된다. 매개변수 β를 추정하기 위해 최우추정법을 이용할 경우 우도함수를 직접 사용하는 것보다 로그우도함수를 사용하는 것이 계산에 편리하다. 선형모델에서 매개변수의 최우추정치를 계산하기 위해 "lm()" 함수를 사용한 것과 같이 "glm()" 함수를 이용하면

일반화된 선형모델에 대한 최우추정치를 쉽게 계산할 수 있다. 여기서는 베이지안 추론 방법을 통해 매개변수를 추정하는 방법에 대해 살펴보기로 한다.

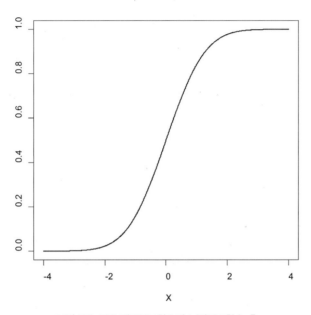

그림 5.2 표준 정규분포함수의 누적분포함수 Φ.

베이지안 방법을 통해 β를 추정하기 위해서는 적절한 사전분포가 필요한데, 로지스틱 모형의 경우에는 정규 사전분포 혹은 $p(\beta)=1$과 같은 무정보 사전분포를 가정하면 사후 분포가 계산에 편리한 형태가 되지 않기 때문에 메트로폴리스-헤스팅스 방법 등을 사용 하여 β를 추정한다. 반면에 프로빗 모형의 경우에는 잠재변수(latent variable)의 도입을 통해 β의 조건부사후분포가 표본생성에 편리한 형태로 주어질 수 있다. 이에 대해 살펴 보기 위해 프로빗 모형을 다음과 같이 나타내 보자.

$$y_i \sim Ber(\Phi(\eta_i)) \tag{5.30}$$
$$\eta_i = x_i{}'\beta$$
$$\beta \sim p(\beta)$$

여기에서 $p(\beta)$는 β의 사전분포에 해당한다. 이제 n개의 독립적이고 정규분포를 따르 는 잠재변수 $z_i\,(i=1,\cdots,n)$를 도입하여 식 5.30의 모형을 다음과 같은 모형으로 바꾸어 보자.

$$y_i = \begin{cases} 1 & \text{if } z_i > 0 \\ 0 & \text{if } z_i \leq 0 \end{cases}$$

$$z_i = x_i'\beta + \epsilon_i \tag{5.31}$$

$$\epsilon_i \sim N(0,1)$$

$$\beta \sim p(\beta)$$

식 5.31의 모형에서 y_i는 잠재변수 z_i의 값이 아니라 부호에 따라 결정되며, 데이터 y, X가 주어질 경우 z와 β의 결합사후분포는 다음과 같이 나타낼 수 있다.

$$p(z,\beta|y,X) \propto p(\beta)p(z|\beta,X)p(y|z) = p(\beta)\prod_{i=1}^{n} p(z_i|\beta,x_i)p(y_i|x_i) \tag{5.32}$$

여기에서

$$z_i|\beta,x_i \sim N(x_i'\beta,1) \tag{5.33}$$

$$p(y_i|x_i) = 1(y_i=1)1(z_i>0) + 1(y_i=0)1(z_i \leq 0)$$

식 5.33에서 함수 $1(\cdot)$는 지시함수(indicator function)로서 괄호 내의 조건을 만족하면 1, 만족하지 않으면 0이 된다. 식 5.32의 결합사후분포로부터 직접 표본을 추출하는 것은 어렵지만 깁스 표본기법을 이용하여 β와 z의 주변사후분포를 계산하는 것은 완전조건부의 표준형태가 가능한 $p(\beta|z,y,X)$와 $p(z|\beta,y,X)$만을 요구한다. 또한 β는 z가 주어진 조건에서 y와 독립이므로 $p(\beta|z,y,X) = p(\beta|z,X)$가 된다. 먼저 β에 대한 완전조건부 분포를 구하면

$$p(\beta|z,X) \propto p(\beta)\prod_{i=1}^{n} p(z_i|\beta,x_i') \tag{5.34}$$

여기에서 $p(z_i|\beta,x_i)$는 $N(x_i'\beta,1)$이고 식 5.31에서 z_i는 β의 선형변환에 해당하므로 β에 대한 사전분포를 $p(\beta)=1$로 가정하면 β의 사후분포는

$$\beta|z,X \sim N((X'X)^{-1}X'z,(X'X)^{-1}) \tag{5.35}$$

이 된다. 만약 β에 대한 사전분포를 $\beta \sim N(\beta_0, \Sigma_0)$로 둘 경우에는 β의 사후분포는 다음과

같다.

$$\beta | z, X \sim N(M, V) \tag{5.36}$$

$$M = V(X'z + \Sigma_0^{-1}\beta_0), \quad V = (X'X + \Sigma_0^{-1})^{-1}$$

만약 β를 안다고 가정하면 $z_i | \beta, x_i \sim N(x_i'\beta, 1)$로부터 쉽게 잠재변수 z_i를 추출할 수 있다. 추출된 z_i를 이용하여 식 5.36을 이용하면 새로운 β를 추출할 수 있다. 만약, z_i의 추출이 y_i에 의존한다면 z_i의 완전조건부분포는 다음과 같이 절단된 정규분포(truncated normal distribution, TN)가 된다

$$z_i | \beta, y_i, x_i \sim \begin{cases} TN(x_i'\beta, 1) & (0, \infty) \quad \text{if } y_i = 1 \\ TN(x_i'\beta, 1) & (-\infty, 0) \quad \text{if } y_i = 0 \end{cases} \tag{5.37}$$

예제 5-6 다음은 다섯 가지의 실험조건(−2, −1, 0, 1, 2)에서 얻어진 실험결과를 정리한 것이다. x는 실험조건을, y는 실험결과를 나타내며 총 40회의 실험이 수행되었다.

No	x	y	No	x	y	No	x	y	No	x	y
1	-2	1	11	-1	1	21	0	0	31	1	0
2	-2	0	12	-1	0	22	0	0	32	1	0
3	-2	0	13	-1	0	23	0	0	33	2	1
4	-2	0	14	-1	0	24	0	0	34	2	1
5	-2	0	15	-1	0	25	1	1	35	2	1
6	-2	0	16	-1	0	26	1	1	36	2	1
7	-2	0	17	0	1	27	1	1	37	2	1
8	-2	0	18	0	1	28	1	1	38	2	1
9	-1	1	19	0	1	29	1	1	39	2	1
10	-1	1	20	0	1	30	1	1	40	2	0

실험결과가 1인 경우는 성공을, 0인 경우는 실패를 나타낸다. 각 실험에서 성공확률 θ_i와 실험조건을 나타내는 설명변수 x_i는 다음과 같은 로지스틱 모형으로 주어진다.

$$\eta_i = \log\left(\frac{\theta_i}{1-\theta_i}\right) = \beta_0 + \beta_1 x_i$$

$\beta = (\beta_0, \beta_1)$에 대한 사전분포가 $p(\beta) = 1$일 때 메트로폴리스–헤스팅스 기법을 사용하여 β의 사후평균 및 분포를 구하여라. β에 대한 표본생성함수는 $N(\beta, (X'X)^{-1})$를 활용하여라.

풀이 β에 대한 사전분포가 균일분포이므로 $p(\beta|x, y) \propto L(\beta|y, x)$가 된다. 따라서 메트로폴리스-헤스팅스 방법을 사용할 때 표본의 채택 확률 계산에 사후분포 대신 우도함수 혹은 로그우도함수를 이용할 수 있지만 로그우도함수를 사용하는 것이 계산에 더 편리하다. 따라서 다음의 순서에 따라 β의 표본을 수집해 보자.

① β에 대한 초기값 설정
② $N(\beta, (X'X)^{-1})$로부터 β의 추출
③ 로그우도함수를 이용하여 β의 채택 여부 결정

위의 ②, ③의 과정을 반복하여 수렴 이전의 값을 제외하고 β의 기대치를 계산하면 된다. 다음의 R 코드를 이용하여 계산해 보면 다음과 같다.

```
require(MASS) # mvrnorm 함수 사용을 위한 패키지
x=rep(c(-2,-1,0,1,2),c(8,8,8,8,8))
y=rep(c(1,0,1,0,1,0,1,0,1,0),c(1,7,3,5,4,4,6,2,7,1))
X=cbind(rep(1,40),x)
k=2 # 데이터 행렬 X의 열의 개수
n=40 # 총 실험횟수
beta.0=c(0,0) # β0, β1의 초기치
beta=beta.0
beta.p=matrix(0,Nsim,k)
Var=solve(t(X)%*%X) # (X'X)^-1 의 계산

# 식 5.27을 이용한 로그우도함수의 계산
loglike=function(beta,n,X,y) {
  logli=0
  for (i in 1:n) {
    logli=logli+(1-y[i])*(-t(X[i,])%*%beta)-log(1+exp(-t(X[i,])%*%beta))
  }
  return(logli)
}
```

```
# 메트로폴리스 헤스팅스 기법을 이용한 시뮬레이션 수행
set.seed(1234)
Nsim=10000
for (i in 1:Nsim ) {
  beta.S=mvrnorm(1,beta,Var) # N(β,(X'X)⁻¹)로부터 표본 추출
  log.alpha=loglike(beta.S,n,X,y)-loglike(beta,n,X,y)
  u=runif(1)
  if (log(u)<log.alpha) beta=beta.S
  beta.p[i,]=beta
  }
# 시뮬레이션 종료

ind=(Nsim/2+1):Nsim # 수렴이후의 값을 선택하기 위한 인덱스
round(mean(beta.p[ind,1]),3) # β₀의 사후기대치
```

```
[1] 0.122
```

```
round(mean(beta.p[ind,2]),3) # β₁의 사후기대치
```

```
[1] 1.037
```

```
CI.beta0 = quantile(beta.p[ind,1], c(.025,.975))
CI.beta1 = quantile(beta.p[ind,2], c(.025,.975))
CI.beta0  # β₀의 95% 신뢰구간
```

```
      2.5%       97.5%
-0.5749558   0.8917429
```

```
CI.beta1 # β₁의 95% 신뢰구간
```

```
     2.5%      97.5%
0.3834311 1.6663933
```

```
x11() # 그림 E5.6
par(mfrow=c(2,2))
plot(beta.p[ind,1],type="l",xlab="",ylab=expression(beta[0]))
plot(beta.p[ind,2],type="l",xlab="",ylab=expression(beta[1]))
hist(beta.p[ind,1],prob=T,xlab="",main=expression(beta[0],breaks=seq(-1.5,2,0.05)))
hist(beta.p[ind,2],prob=T,xlab="",main=expression(beta[1],breaks=seq(0,2.5,0.05)))
```

그림 E5.6는 메트로폴리스-해스팅스 방법을 통해 추정된 매개변수 β_0, β_1의 표본 (위)과 이들의 분포(아래)를 나타낸다. β_0와 β_1의 사후평균이 각각 0.122와 1.037이므로 실험조건 x_i에 대해 성공확률 θ_i는 다음과 같이 주어진다.

$$\theta_i = \frac{1}{1+\exp(-0.122-1.037x_i)}$$

위의 함수는 단조증가함수이므로 x_i가 증가함에 따라 θ_i가 증가함을 알 수 있다.

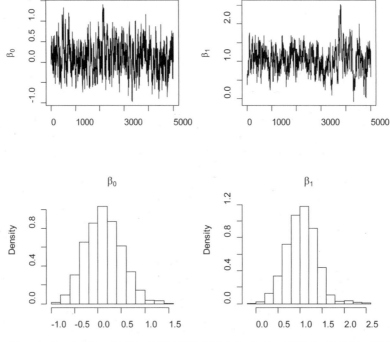

그림 E5.6 메트로폴리스–해스팅스 방법을 통해 얻어진 β_0, β_1의 표본(위)과 이들의 분포(아래).

예제 5-7   프로빗 모형을 이용하여 예제 5.6의 문제를 다시 풀어보라. β_0와 β_1의 사전분포는 독립적으로 각각 $N(0, 50)$을 따른다고 가정한다.

풀이   프로빗 모형을 이용하기 위해 $y_i \sim Ber(\theta_i)$, $\Phi^{-1}(\theta_i) = \beta_0 + \beta_1 x_i$ 로 두고 잠재변수 z(식 5.31)을 도입하면 β의 사후분포는

$$\beta | z, X \sim N(M, V) \tag{A}$$
$$M = V(X'z + \Sigma_0^{-1}\beta_0), \quad V = (X'X + \Sigma_0^{-1})^{-1}$$

이 된다. 여기서 Σ_0는 β의 사전분포의 공분산에 해당하며 β_0와 β_1이 독립적으로 각각 분산이 50이므로 다음과 같이 나타낼 수 있다.

$$\Sigma_0 = \begin{pmatrix} 50 & 0 \\ 0 & 50 \end{pmatrix}$$

$\beta = (\beta_0, \beta_1)$의 초기값을 가정하면 식 A로부터 β에 대한 새로운 표본을 얻을 수 있다. 잠재변수 z의 값은 반응변수 y의 값에 따라 다음과 같이 절단된 정규분포로부터 얻도록 한다.

$$z_i|\boldsymbol{\beta}, y_i, \boldsymbol{x}_i \sim \begin{cases} TN(\boldsymbol{x}_i'\boldsymbol{\beta},1) & (0,\infty) \quad \text{if } y_i = 1 \\ TN(\boldsymbol{x}_i'\boldsymbol{\beta},1) & (-\infty,0) \quad \text{if } y_i = 0 \end{cases} \tag{B}$$

절단된 정규분포로부터 z_i에 대한 표본추출은 "truncnorm" 패키지 내의 rtrun-cnorm 함수를 이용하면 편리하다. 따라서 다음의 순서에 따라 β의 표본을 수집해 보자.

① $\beta=(\beta_0, \beta_1)$의 초기값을 가정한다.
② 식 B를 이용하여 z에 대한 표본을 얻는다(rtruncnorm 함수 사용).
③ 식 A를 이용한 β에 대한 표본을 얻는다(mvrnorm 함수 사용).

위에서 ②, ③의 과정을 반복하여 수렴 이전의 값을 제외하고 β의 기대치를 계산하면 된다. 다음의 R 코드를 이용하여 계산해 보면 다음과 같다.

```
require(MASS) # mvrnorm 함수 사용을 위한 패키지
require(truncnorm) # rtruncnorm 함수 사용을 위한 패키지
# 예제 5.6의 자료
x=rep(c(-2,-1,0,1,2),c(8,8,8,8,8))
y=rep(c(1,0,1,0,1,0,1,0,1,0),c(1,7,3,5,4,4,6,2,7,1))
X=cbind(rep(1,40),x)

k=2
n=40
Nsim=10000
beta.0=c(0,0) # β0, β1의 초기치
var.0=diag(50,2) # β의 사전분포에서 공분산

beta=beta.0
beta.mp=matrix(0,Nsim,k)
var.p=solve(t(X)%*%X +solve(var.0)) # 식 A에서 사후공분산 V의 계산
z=rep(0,n)

# 시뮬레이션
set.seed(1234)
for (isim in 1:Nsim) {
  for (i in 1:n) {  # 식 B를 이용한 zi의 표본추출
    if(y[i]==0)
      z[i]=rtruncnorm(1,mean=t(X[i,])%*%beta,sd=1,a=-Inf,b=0)
    else
      z[i]=rtruncnorm(1,mean=t(X[i,]%*%beta),sd=1,a=0,b=Inf)
  }
```

```
    beta.m=var.p%*%(t(X)%*%z+solve(var.0)%*%beta.0) # 식 A에서 평균 M의 계산
    beta.mp[isim,]=mvrnorm(1,beta.m,var.p) # N(M, V) (식 A)로부터 β의 추출
}
# 시뮬레이션 종료
ind=(Nsim/2+1):Nsim # 수렴이후의 값을 선택하기 위한 인덱스
round(mean(beta.mp[ind,1]),3) # β0의 사후기대치
```

```
[1] 0.044
```

```
round(mean(beta.mp[ind,2]),3) # β1의 사후기대치
```

```
[1] 0.298
```

```
CI.beta0 = quantile(beta.mp[ind,1], c(.025,.975))
CI.beta1 = quantile(beta.mp[ind,2], c(.025,.975))
CI.beta0
```

```
    2.5%       97.5%
-0.3282123  0.4018440
```

```
CI.beta1
```

```
     2.5%        97.5%
0.04992242  0.55578539
```

```
x11() # 그림 E5.7A
par(mfrow=c(2,2))
plot(beta.mp[ind,1],type="l",xlab="",ylab=expression(beta[0]))
plot(beta.mp[ind,2],type="l",xlab="",ylab=expression(beta[1]))
hist(beta.mp[ind,1],prob=T,xlab="",main=expression(beta[0],breaks=seq(-1,1,0.05)))
hist(beta.mp[ind,2],prob=T,xlab="",main=expression(beta[1],breaks=seq(-1,1,0.05)))
```

그림 E5.7A는 프로빗 모형에서 매개변수 β의 사전분포를 이용하여 계산된 β_0, β_1의 사후표본(위)과 이들의 분포(아래)를 나타낸다. 본 예제의 프로빗 모형을 통해 추정된 β_0와 β_1의 사후평균은 각각 0.044, 0.298이므로 실험조건 x_i에서 성공확률은 다음과 같이 주어진다.

$$\theta_i = \Phi(0.044 + 0.298x_i)$$

실험조건 x_i에 따라 예제 5.5에서 로지스틱 모형을 통해 계산되는 성공확률과 위의 프로빗 모형을 통해 계산되는 성공확률을 비교해 보면 그림 E5.7B와 같다.

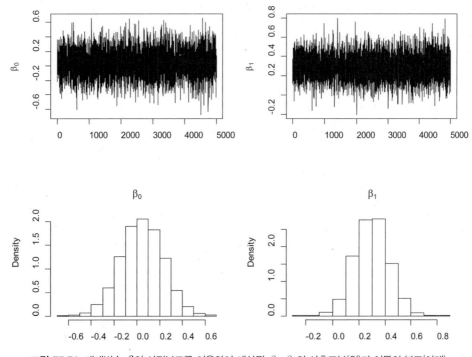

그림 E5.7A 매개변수 β의 사전분포를 이용하여 계산된 β_0, β_1의 사후표본(위)과 이들의 분포(아래).

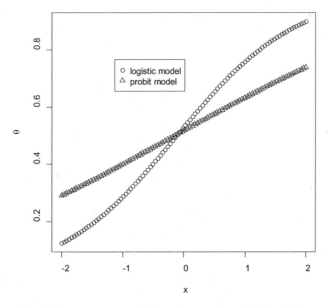

그림 5.7B 실험조건(x-축)에 따른 로지스틱 모형(예제 5.6)과 프로빗 모형(예제 5.7)에서의 성공확률의 비교.

예제 5-8 다음은 마우스(mouse)를 이용하여 측정된 어떤 약물의 독성실험 결과이다.

실험	약물의 농도	사용된 마우스의 수	죽은 마우스의 수
1	0.10	48	9
2	0.15	54	14
3	0.20	55	24
4	0.30	52	33
5	0.50	46	39
6	0.70	54	50
7	0.95	52	50

치사율과 약물의 농도가 로지스틱 모형을 따른다고 가정하고 치사율이 50%일 때의 약물의 농도를 라플라스 근사 및 랜덤워크 메트로폴리스 방법을 이용하여 추정해 보라.

풀이 각 실험에서 사용된 약물의 농도는 동일하므로 치사율도 같다고 생각할 수 있다. 따라서 i번째 실험에서 약물의 농도를 x_i, 사용된 총 마우스의 수를 n_i, 치사율을 θ_i, 죽은 마우스의 수를 y_i라고 하면 $y_i \sim B(n_i, \theta_i)$로 가정할 수 있다. 치사율 θ_i와 약물의 농도 x_i와 관계가 로지스틱 모형이라면 다음과 같이 나타낼 수 있다.

$$\ln \frac{\theta_i}{1-\theta_i} = \beta_0 + \beta_1 x_i \ , \ \theta_i = \frac{1}{1+\exp(-(\beta_0+\beta_1 x_i))} \tag{A}$$

y_i가 데이터로 주어져 있으므로 우도함수는

$$L(\theta|y) = \prod_{i=1}^{m} \binom{n_i}{y_i} (\theta_i)^{y_i} (1-\theta_i)^{n_i - y_i} \tag{B}$$

이 되며, m은 실험의 회수로 7이 된다. 식 B에서 $\binom{n_i}{y_i}$는 θ_i와 무관하므로 생략하고 로그를 취하여 로그우도함수를 구하면

$$\ln L(\theta|y) = \sum_{i=1}^{m} \left[y_i \ln(\theta_i) + (n_i - y_i) \ln(1-\theta_i) \right] \tag{C}$$

$$= \sum_{i=1}^{m} \left[y_i \ln \left(\frac{\theta_i}{1-\theta_i} \right) + n_i \ln(1-\theta_i) \right]$$

이 된다. 식 A를 이용하면 식 C는 다음과 같이 θ_i가 나타나지 않는 식으로 나타낼 수 있다.

$$\ln L(\theta|y) = \sum_{i=1}^{m} \left[y_i (\beta_0 + \beta_1 x_i) - n_i \ln(1+\exp(\beta_0+\beta_1 x_i)) \right] \tag{D}$$

$\beta = (\beta_0, \beta_1)$에 대하여 아무런 정보가 없으므로 균일사전분포를 가정하면 로그우
도함수는 β의 추정을 위해 로그사후분포함수 대신 사용할 수 있다. 따라서 로그
우도함수에 대한 라플라스 근사를 이용하여 $\beta = (\beta_0, \beta_1)$를 추정해 보자.

```
require(LearnBayes) # laplace 함수 사용을 위한 패키지
ni=c(48,54,55,52,46,54,52)
yi=c(9,14,24,33,39,50,50)
x=c(0.10,0.15,0.20,0.30,0.50,0.70,0.95)
Loglik=function(beta) {
  loglh=sum(yi*(beta[1]+beta[2]*x)-ni*log(1+exp(beta[1]+beta[2]*x)))
  return(loglh)
}
start=c(0,1) # 라플라스 근사를 위한 β₀와 β₁의 초기치
fitlap=laplace(Loglik,start)
$`mode`   # 라플라스 근사를 통해 추정된 β₀와 β₁ (순서대로)
[1] -1.719321  6.390530
$var
            [,1]        [,2]
[1,]  0.05863653 -0.1539645
[2,] -0.15396450  0.5750030
$int
[1] -171.9112
$converge
[1] TRUE
proposal=list(var=fitlap$var,scale=2)
start=c(-1.5,6) # 랜덤워크 위한 β₀와 β₁의 초기치
m=5000
MP=rwmetrop(Loglik,proposal,start,m)
apply(MP$par,2,mean) # 랜덤워크 메트로폴리스 방법을 통해 추정된 β₀와 β₁
[1] -1.741455  6.511657
```

위의 결과를 통해 리플라스 근사와 랜덤워크 폴리스 방법을 통해 추정된 β_0와 β_1
의 값의 유사함을 알 수 있다.

	라플라스 근사	랜덤워크 메트로폴리스
β_0	-1.719321	-1.741455
β_1	6.390530	6.511657

$\theta_i = 0.5$일 때의 x_i를 계산하기 위해 식 A를 다음과 같이 x_i의 함수로 나타내 보자.

$$f(x_i) = \theta_i(1 + \exp(-(\beta_0 + \beta_1 x_i)) - 1 \tag{E}$$

위의 식에서 $\theta_i (=0.5), \beta_0, \beta_1$의 값은 정해져 있으므로 $f(x_i) = 0$을 만족하는 x_i를 계산하면 된다. R의 "pracma" 패키지에 있는 fzero 함수를 이용해 보자.

```
require(pracma)
f1=function(x) 0.5*(1+exp(1.719321-6.39053*x))-1
f2=function(x) 0.5*(1+exp(1.741455-6.511657*x))-1
fzero(f1,0)
$`x`
[1] 0.269042
$fval
[1] 0
fzero(f2,0)
$`x`
[1] 0.2674365
$fval
[1] 0
```

위의 결과를 통해 라플라스 근사와 랜덤워크 메트로폴리스 방법에 의해 계산된 치사율이 50%일 때의 약물의 농도는 각각 0.269042와 0.2674365로서 거의 유사함을 알 수 있다. 그림 E5.8은 약물의 농도에 따른 치사율을 관계를 그래프로 나타낸 것이며 실선과 점선은 각각 $\theta = 1/(1+\exp(-(\beta_0 + \beta_1 x)))$를 이용하여 라플라스 근사와 랜덤워크 메트로폴리스 방법을 통해 추정된 치사율에 해당한다.

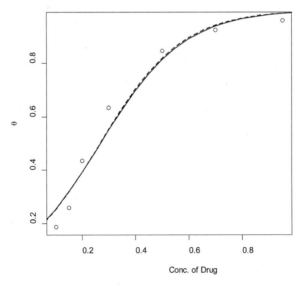

그림 E5.8 약물의 농도에 따른 치사율.
(○: 실험값으로부터 계산된 치사율, 실선: 라플라스 근사, 점선: 랜덤워크 메트로폴리스).

예제 5-9 어떤 도시에서 교통사고 위험구역에 대한 적절한 행정지원을 결정하기 위해 관할지역을 18개의 구역으로 나눈 뒤, 각 구역에서 1년 동안 발생한 교통사고의 횟수를 조사하여 다음의 자료를 얻었다.

구역(i)	사고횟수(y_i)	구역(i)	사고횟수(y_i)	구역(i)	사고횟수(y_i)
1	4	7	9	13	11
2	1	8	7	14	5
3	1	9	10	15	17
4	6	10	8	16	14
5	3	11	4	17	11
6	11	12	10	18	15

i 구역에서 발생한 교통사고의 횟수는 평균이 λ_i인 포아송 분포를 따르며, λ_i는 다음의 로그선형 모델로 나타낼 때 라플라스 근사 및 랜덤워크 메트로폴리스 방법을 이용하여 β_0와 β_1의 값을 추정해 보라.

$$\ln \lambda_i = \beta_0 + \beta_1 i$$

풀이 도시의 각 구역에서 발생한 사건의 횟수 y_i는 포아송 분포를 따르므로 확률밀도함수는 다음과 같이 나타낼 수 있다.

$$f(y_i|\lambda_i) = \frac{e^{-\lambda_i}\lambda_i^{y_i}}{y_i!} \tag{A}$$

따라서 로그우도함수는

$$\ln L(\lambda|y) = \sum_{i=1}^{n}\left[-\lambda_i + y_i \ln \lambda_i - \ln y_i!\right] \tag{B}$$

이 된다. 식 B에서 $\ln y_i!$ 항은 λ_i와 무관하며 일정한 값이므로 우도함수의 최대화에 영향을 미치지 않으므로 생략할 수 있다. 또한 $\lambda_i = \exp(\beta_0 + \beta_1)$ 이므로 식 B는 다음과 같이 나타낼 수 있다.

$$\ln L(\beta_0, \beta_1|y) = \sum_{i=1}^{n}\left[y_i(\beta_0 + \beta_1 i) - \exp(\beta_0 + \beta_1 i)\right] \tag{C}$$

β_0와 β_1에 대한 사전분포로서 균일분포를 가정하면 식 C는 β의 추정을 위해 로그 사후분포함수 대신 사용할 수 있다. 따라서 식 C를 각각 β_0, β_1로 미분한 뒤 0

으로 두면 사후분포의 최빈값(mode)을 계산할 수 있다. 여기서는 "LearnBayes" 패키지에 있는 laplace 함수와 rwmetrop 함수를 이용하여 문제를 풀어보도록 하자.

```
require(LearnBayes)
i=seq(1:18)
yi=c(4,1,1,6,3,11,9,7,10,8,4,10,11,5,17,14,11,15)
LogPost=function(beta) { # 로그사후분포 함수 정의
  lpost=sum(yi*(beta[1]+beta[2]*i)-exp(beta[1]+beta[2]*i))
  return(lpost)
}
start=c(0,1) # 라플라스 근사를 위한 β_0와 β_1의 초기치
fitlap=laplace(LogPost,start)
```

```
$`mode` # 최빈값
[1] 0.2042236 0.1602539
$var
             [,1]           [,2]
[1,]  0.075416682 -0.0051284284
[2,] -0.005128428  0.0003852368
$int
[1] 160.4944
$converge
[1] TRUE
```

```
# 랜덤 워크 메트로폴리스 방법에 의한 β_0와 β_1의 추정
proposal=list(var=fitlap$var,scale=2)
start=c(0.1,0.1) # 랜덤워크 위한  β_0와 β_1의 초기치
m=5000
MP=rwmetrop(LogPost,proposal,start,m)
apply(MP$par,2,mean)
```

```
[1] 1.2098186 0.0832826
```

위의 결과를 요약하면 다음과 같다.

	β_0	β_1
라플라스 근사	0.2042	0.1603
랜덤워크 메트로폴리스	1.2098	0.0832

그림 E5.9는 β_0와 β_1의 값을 이용하여 추정된 각 구역의 교통사고 횟수를 나타낸다.

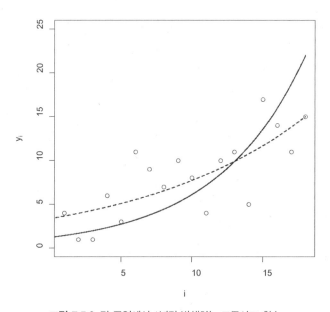

그림 E.5.9 각 구역에서 1년간 발생하는 교통사고 횟수.
(○: 주어진 자료, 실선: 라플라스 근사에 의한 추정값, 점선: 랜덤워크 메트로폴리스 방법에 의한 추정값).

예제 5-10 다음은 한 회사에서 새로 만들어진 부서에 적합한 인원을 선발하기 위해 사원들을 대상으로 시행한 직무검사의 결과(합격 혹은 불합격)를 나이와 성별에 따라 정리한 것이다.

나이	성별	통과여부	나이	성별	통과여부	나이	성별	통과여부
23	남	불합격	23	여	합격	25	남	불합격
40	여	합격	28	남	합격	50	여	불합격
40	남	합격	28	여	합격	21	여	합격
30	남	불합격	47	여	불합격	25	남	불합격
28	남	불합격	57	남	불합격	46	남	합격
40	남	불합격	20	여	합격	32	여	합격
45	여	불합격	18	남	합격	30	남	불합격
62	남	불합격	25	남	불합격	25	남	불합격
65	남	불합격	60	남	불합격	25	남	불합격
45	여	불합격	25	남	합격	30	남	불합격
25	여	불합격	20	남	합격	35	남	불합격
28	남	합격	32	남	합격	23	남	합격
28	남	불합격	32	여	합격	32	여	합격
23	남	불합격	24	여	합격	24	남	불합격
22	여	합격	30	남	합격	25	여	합격

나이와 성별에 따른 직무검사의 합격 가능성을 다음과 같은 프로빗 모형으로 분석하고자 할 때 β_0, β_1을 추정하여라.

$$\theta_i = \Phi(\beta_0 + \beta_1 x_i + \beta_2 z_i)$$

여기에서 x_i, z_i, θ_i 는 각 사원에 대한 나이, 성별, 직무시험 통과확률을 나타내며, Φ는 표준 정규분포의 누적분포함수에 해당한다.

풀이 시험결과를 y_i 라고 하고 합격은 1, 불합격은 0의 값을 가지도록 하자. 비슷한 방법으로 z_i 에 대해 남자는 1, 여자는 0의 값을 부여하도록 하자. 매개변수 $\beta = (\beta_0, \beta_1, \beta_2)$ 에 대한 사전정보가 없으므로 사전분포로서 정규분포를 가정하고 예제 5.7에서와 유사한 방법으로 풀면 된다. 여기서는 "LearnBayes" 패키지에 있는 bayes.probit 함수를 이용해 보도록 하자.

```
require(LearnBayes) # bayes.probit 함수 사용을 위한 패키지
x=c(23,40,40,30,28,40,45,62,65,45,25,28,28,23,22,
    23,28,28,47,57,20,18,25,60,25,20,32,32,24,30,
    25,50,21,25,46,32,30,25,25,30,35,23,32,24,25)
z=c(1,0,1,1,1,1,0,1,1,0,0,1,1,1,0, 0,1,0,0,1,0,1,1,1,1,1,1,0,0,1,
    1,0,0,1,1,0,1,1,1,1,1,1,0,1,0)
y=c(0,1,1,0,0,0,0,0,0,0,0,1,0,0,1,1,1,1,0,0,1,1,0,0,1,1,1,1,1,1,
    0,0,1,0,1,1,0,0,0,0,0,1,1,0,1)
dat=cbind(1,x,z)
m=10000
fit=bayes.probit(y,dat,m)
apply(fit$beta,2,mean) # 프로빗 모형을 통해 추정된 β₀,β₁,β₂ (순서대로)
[1]  2.39914571 -0.05673208 -1.06360827
```

위의 코드에서 사용된 bayes.probit 함수는 매개변수 β에 대해 정규분포를 가정하고 깁스 표본기법을 통해 β의 사후표본을 구한다. 사후표본의 평균을 이용하여 직무검사의 합격 가능성은 다음과 같이 나타낼 수 있다.

$$\theta_i = \Phi(2.3991 - 0.0567 x_i - 1.0636 z_i)$$

위의 식을 이용하면 나이(x_i)와 성별(z_i)가 주어지면 직무검사에 합격할 가능성을 계산할 수 있다. 다음의 R 코드는 bayes.probit 함수의 결과를 이용하여 20~65세 남성의 경우 직무검사 합격 가능성(θ)에 대한 그래프를 작성해 준다.

```
age=seq(20,65) # 나이
X1=cbind(1,age,1)
pb.male=bprobit.probs(X1,fit$beta)
x11() # 그림 E5.10
plot(age,apply(pb.male,2,quantile,.5),type="l",ylim=c(0,1),
     xlab="age",ylab=expression(theta),lwd=2)
lines(age,apply(pb.male,2,quantile,.05),lty=2,lwd=2)
lines(age,apply(pb.male,2,quantile,.95),lty=2,lwd=2)
```

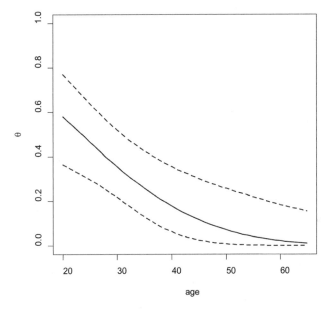

그림 E5.10 20~65세 남성이 직무검사에 합격할 가능성(θ).
실선: θ의 제 50 백분위수, 점선: θ의 제 5 및 제 95 분위수.

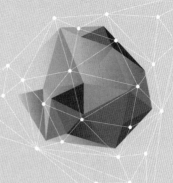

CHAPTER **6**

WinBUGS

6.1 WinBUGS 소개

6.2 WinBUGS에서의 확률분포

6.3 WinBUGS를 이용한 베이즈 추론

6.4 WinBUGS를 이용한 회귀분석

베이즈 추론에서 중요한 어려움 중의 하나는 사후분포의 매개변수를 계산하는 것이다. 해석적인 접근이 어려운 경우 깁스 표본기법은 베이즈 추론에 중요한 계산방법이 되었으며 R을 통해 구현될 수 있음을 4장에서 살펴보았다. 하지만 완전 조건부 확률분포를 찾거나 깁스 표본기법을 구현하기 위해 매번 R 코드를 작성하는 것은 다소 번거로울 수 있다. 따라서 통계모형과 자료만을 입력하고 깁스 샘플링에 필요한 조건부 확률분포의 계산 및 시뮬레이션은 내부적으로 자동적으로 수행될 수 있는 계산도구가 필요하게 되었다. 이러한 요구에 따라 영국 캠브리지 대학의 MRC Biostatistics Unit에서 통계 연구 프로젝트로 시작되어 개발된 소프트웨어가 BUGS(Bayesian inference Using Gibbs Sampling)이며, WinBUGS는 BUGS의 윈도우 버전에 해당한다. WinBUGS의 설치 및 사용법은 부록을 참조하고 여기서는 WinBUGS를 베이즈 추론에 활용해 보도록 하자.

6.1   WinBUGS 소개

BUGS는 마르코프 연쇄 몬테칼로(MCMC, Markov Chain Monte Carlo) 방법을 사용한 복잡한 통계모형의 베이즈 추론을 위한 소프트웨어이며, BUGS의 윈도우 버전이 WinBUGS이다. BUGS 프로그램의 핵심은 매개변수의 조건부 사후분포로부터 난수를 추출하는 깁스 샘플러(Gibbs Sampler)이며, 주어진 모델과 사전분포 그리고 데이터를 바탕으로 프로그램 내부적으로 계산되는 조건부 사후분포가 이용된다. 비공액 (nonconjugate) 모델이 사용될 때에는 조건부 확률분포로부터 적절한 난수를 추출하기 위해 메트로폴리스-헤스팅스 방법이나 적응기각(adaptive rejection) 등과 같은 다양한 방법들을 사용한다. BUS는 계층적 통계모형을 구체적으로 표현하기 위해 S 언어와 같은 구문을 사용하며 명령어를 통해 시뮬레이션을 수행한다. 반면에 WinBUGS에서는 DoodleBUGS라고 부르는 그래픽 인터페이스를 사용하여 모형을 설정하고 '포인트와 클릭'의 윈도우 인터페이스를 사용하여 시뮬레이션과 분석을 수행한다. WinBUGS 프로그램파일의 확장자는 .odc이며, 이 파일은 통계모형을 정의하는 부분, 데이터를 정의하는 부분, MCMC 계산을 위한 초기값을 정의하는 부분으로 구성된다. 예들 들어, 다음과 같이 이항분포에서 성공확률의 사후분포를 계산하는 경우를 고려해 보자.

$$X|\theta \sim B(n,\theta) \tag{6.1}$$

$$\theta \sim Beta(33,27)$$

여기에서 θ는 베르누이 시행에서 성공확률에 해당하며 θ의 사전분포는 베타분포이다. $n=100$일 때 $X=62$가 얻어졌을 경우 θ의 사후분포는 다음과 같이 주어진다.

$$\theta|x \sim Beta(62+33,100-62+27) = Beta(95,65) \tag{6.2}$$

식 6.1에서 θ의 사후분포를 WinBUGS를 사용하여 구하고자 할 경우에 다음 스크립트를 작성하면 된다.

```
# Model
model
{
x ~ dbin(theta,n)
theta ~ dbeta(33,27)
}
# data
list(x=62,n=100)
# inits
list(theta=0.25)
```

위의 스크립트는 통계모형 부분(Model), 데이터(data), 초기치(inits)의 세 부분으로 나누어져 있음을 알 수 있다. dbin(), dbeta()는 각각 이항분포함수와 베타분포함수를 나타낸다. WinBUGS에서 정의되는 다양한 분포함수에 대해서는 다음 절에서 살펴볼 것이다. 스크립트가 작성되면 다음의 절차를 따라 분석이 진행된다(부록 참조).

- 모델체크: 모델부분의 문법을 체크함
- 데이터로딩: 데이터를 로딩
- 모델 컴파일: 모델과 로딩한 데이터를 컴파일
- 초기값 설정: 추정하고자 하는 매개변수의 초기값 설정
- 샘플링 실행: 내부의 MCMC 알고리즘을 수행하여 난수 생성
- 결과 분석 및 수렴진단

6.2   WinBUGS에서의 확률분포

    베이즈 모형 설정을 위해 WinBUGS에서는 R과 같이 각종 확률분포가 자주 사용된다. 여기서는 WinBUGS에서 흔히 사용되는 몇 가지 중요한 확률분포의 정의에 대해 살펴보도록 한다.

① 베르누이 분포

$x \sim dbern(\theta)$

$$f(x|\theta) = \theta^x (1-\theta)^x \; ; \; x = 0,1$$

② 이항분포

$x \sim dbin(\theta, n)$

$$f(x|\theta) = \frac{n!}{(n-x)!x!} \theta^x (1-\theta)^{n-x} \; ; \; x = 0,1,...,n$$

③ 포아송 분포

$x \sim dpois(\lambda)$

$$f(x|\lambda) = \frac{e^{-\lambda}\lambda^x}{x!} \; ; \; x = 0,1,2,...$$

④ 균일분포

$x \sim dunif(a,b)$

$$f(x|a,b) = \frac{1}{b-a} \; ; \; a < x < b$$

⑤ 정규분포

$x \sim dnorm(\mu, \tau)$

$$f(x|\mu, \tau) = \sqrt{\frac{\tau}{2\pi}} \exp\left\{ -\frac{\tau(x-\mu)^2}{2} \right\} \; ; \; -\infty < x < \infty$$

⑥ 다변량 정규분포

$x \sim dmnorm\,(\boldsymbol{\mu},\,\boldsymbol{T})$

$$f(\boldsymbol{x}|\boldsymbol{\mu},\,\boldsymbol{T}) = (2\pi)^{-N/2}|\,\boldsymbol{T}|^{1/2}\exp\left\{-\frac{(\boldsymbol{x}-\boldsymbol{\mu})'\,\boldsymbol{T}(\boldsymbol{x}-\boldsymbol{\mu})}{2}\right\};\ -\infty < x < \infty$$

⑦ t 분포

$x \sim dt\,(\mu,\tau,k)$

$$f(x|\mu,\tau,k) = \frac{\Gamma\!\left(\dfrac{k+1}{2}\right)}{\Gamma\!\left(\dfrac{k}{2}\right)}\sqrt{\frac{\tau}{k\pi}}\left[1+\frac{\tau}{k}(x-\mu)^2\right]^{-\frac{k+1}{2}};\ -\infty < x < \infty$$

⑧ 감마분포

$x \sim dgamma\,(\alpha,\beta)$

$$f(x|\alpha,\beta) = \frac{\beta^\alpha}{\Gamma(\alpha)}x^{\alpha-1}\exp(-\beta x)\,;\ \ x>0$$

⑨ 카이제곱분포

$x \sim dchisq\,(k)$

$$f(x|k) = \frac{(1/2)^{k/2}}{\Gamma(k/2)}x^{k/2-1}\exp\!\left(-\frac{x}{2}\right);\ \ x>0$$

⑩ 지수분포

$x \sim dexp\,(\lambda)$

$$f(x|\lambda) = \lambda\exp(-\lambda x)\,;\ x>0$$

⑪ 베타분포

$x \sim dbeta\,(\alpha,\beta)$

$$f(x|\alpha,\beta) = \frac{\Gamma(\alpha+\beta)}{\Gamma(\alpha)\Gamma(\beta)}x^{\alpha-1}(1-x)^{\beta-1};\ 0 \leq x \leq 1$$

위의 분포함수 중에서 ⑤의 정규분포 매개변수 τ는 정확도로서 분산의 역수에 해당한다.

6.3　WinBUGS를 이용한 베이즈 추론

WinBUGS에서 모형은 계층적 모형의 구조를 가져야 한다. 예들 들어 분산이 같은 두 정규분포집단 A, B로부터 얻어진 표본을 이용하여 두 집단 사이의 평균이 유의한 차이를 보이는지에 대한 검증은 다음과 같이 R의 t.test 함수를 통해 쉽게 수행될 수 있다.

```
A=c(9.9,10.6,9.4,10.3,10.0,9.8,9.7,10.1) # A 집단으로부터 얻어진 표본
B=c(10.9,11.6,10.4,12.3,10.0,10.8,10.7,10.9) # B 집단으로 얻어진 표본
t.test(A,B,var.equal=TRUE,alternative = "two.sided")
          Two Sample t-test
data:  A and B
t = -3.4414, df = 14, p-value = 0.003972
alternative hypothesis: true difference in means is not equal to 0
95 percent confidence interval:
 -1.582652 -0.367348
sample estimates:
mean of x mean of y
    9.975    10.950
```

위의 결과 $p = 0.003972 < 0.05$이므로 유의수준 5%에서 두 집단의 평균은 유의한 차이를 보인다고 할 수 있다. 이 문제를 WinBUGS를 이용하여 풀기 위해서는 베이즈 모형을 계층적으로 설정해주어야 한다. 계층적 모형은 서로 연관되어 있다고 생각되는 여러 개의 매개변수를 동시에 추론할 때 사용된다. 정규분포의 모수를 평균 μ과 정확도 τ(분산의 역수)를 이용하여 $N(\mu, \tau)$로 나타낼 때 다음과 같은 계층적 모형을 가정해 보자.

① 모집단는 A는 $N(\mu_1, \tau)$, 모집단 B는 $N(\mu_2, \tau)$를 따른다.
② μ_1과 μ_2의 사전분포로 $N(0, 10^{-6})$를 가정한다(매우 작은 τ를 가정하는 것은 분산이 매우 크다는 것을 의미하며 거의 균일분포의 정보를 가짐을 의미한다).
③ $\tau \sim Gamma(0.01, 0.001)$

위와 같은 계층적 모형은 WinBUGS에서 다음과 같은 스크립트로 나타낼 수 있다.

```
# Model

model {
for (i in 1:n1) {
A[i] ~ dnorm(mu1,tau)
}
for (i in 1:n2) {
B[i] ~ dnorm(mu2,tau)
}

mu1 ~ dnorm(0,1.0E-6)
mu2 ~ dnorm(0,1.0E-6)
tau ~ dgamma(0.01,0.001)
sigma <- 1/sqrt(tau)
delta <- mu1-mu2
}

# Data
list(A=c(9.9,10.6,9.4,10.3,10.0,9.8,9.7,10.1),
B=c(10.9,11.6,10.4,12.3,10.0,10.8,10.7,10.9),n1=8,n2=8)

#Inits
list(mu1=0,mu2=0,tau=1)
```

위의 스크립트를 이용하여 시뮬레이션을 수행하면 다음과 같은 결과를 얻을 수 있다.

node	mean	sd	MC error	2.5%	median	97.5%	start	sample
delta	-0.9702	0.3052	0.005924	-1.567	-0.9647	-0.3639	3001	3000
mu1	9.972	0.2095	0.003652	9.562	9.971	10.39	3001	3000
mu2	10.94	0.2186	0.004558	10.5	10.94	11.39	3001	3000
sigma	0.5995	0.1214	0.003311	0.4165	0.5823	0.8942	3001	3000
tau	3.11	1.173	0.03202	1.251	2.949	5.765	3001	3000

위에서 node는 변수를 나타내며 각 변수에 대해 6,000개의 표본(난수)를 생성하여 처음 3,000개의 표본은 초기값에 대한 영향을 제거하기 위한 'burn-in' 과정으로 사용하여 제외시키고 이후의 3,000의 표본을 통해 관심변수의 통계적 특성을 정리 요약한 것이다. 아래의 그림에서 보는 바와 같이 MCMC 시뮬레이션은 각 매개변수에 대해 좋은 수렴을 보여준다.

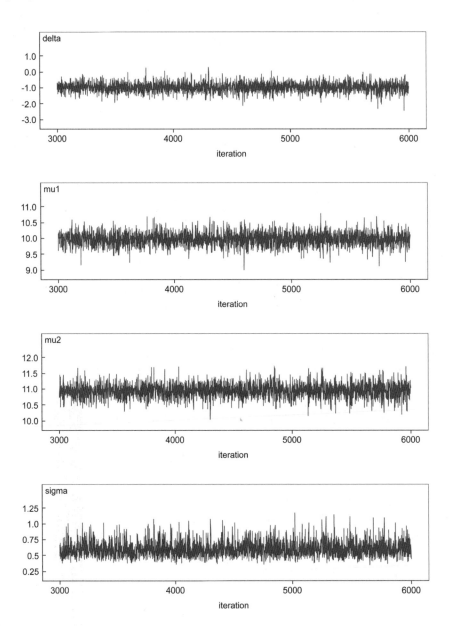

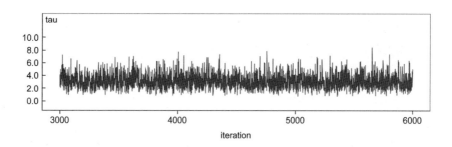

매개변수 delta는 $\mu_1 - \mu_2$로 정의된 변수로서 95%의 사후신뢰구간 (-1.567,-0.3639)에 0을 포함하지 않는다. 즉 유의수준 5%에서 두 집단의 평균은 유의한 차이를 보인다고 할 수 있으며, t.test와 같은 결론임을 알 수 있다. t.test 함수는 관측된 데이터에 관한 모형만을 사용하여 미지의 모수를 추론하는 고전적 추론방법(classical inference)을 기반으로 한다면 WinBUGS를 이용한 베이즈 추론은 관측된 데이터와 모수 모두에 확률모형을 사용한다. 베이즈 추론 방법은 고전적 추론방법과 같이 대표본에 대한 가정이 필요없기 때문에 표본수(데이터의 수)가 작은 경우에도 정확한 추론을 할 수 있으며, 계층적 모형을 사용함으로써 관심 모수에 대한 과거의 경험이나 사전정보를 주어진 데이터와 결합하여 보다 정확한 추론을 할 수 있다는 장점이 있다. 앞에서의 두 방법에 의한 추론 결과가 거의 유사한 것은 베이즈 추론에서 무정보적 사전정보를 사용했기 때문이다.

예제 6-1 예제 4-4에서 가동시간에 따른 10개의 펌프의 고장횟수 자료로부터 단위시간에 발생하는 각 펌프의 평균 사고횟수를 추정하는 문제를 다음의 계층적 모형을 이용하여 WinBUGS에서 계산해 보라.

$$\lambda_i \sim dgamma(\alpha,\beta), \ i = 1,...,10$$
$$X_i \sim dpois(t_i\lambda_i) \ , \ i = 1,...,10$$
$$\alpha \sim dexp(1), \ \beta \sim dgamma(0.1,1.0)$$

풀이 주어진 문제에 대한 계층적 모형은 WinBUGS에서 다음의 스크립트로 나타낼 수 있다.

```
# Model
model {
for (i in 1:n) {
lambda[i] ~ dgamma(alpha,beta)
theta[i] <- t[i]*lambda[i]
x[i] ~ dpois(theta[i])
}
alpha ~ dexp(1)
beta ~ dgamma(0.1,1.0)
}
# Data
list(t=c(94.32, 15.72, 62.88, 125.76, 5.24, 31.44, 1.05, 1.05, 2.10, 10.48),
x=c(5,1,5,14,3,19,1,1,4,22), n=10)
# Initial values
list(alpha=1,beta=1)
```

위의 스크립트를 이용하여 10,000개의 표본을 생성한 다음, 처음 5,000개의 표본
은 'burn-in' 과정으로 사용하여 제외시키고 이후의 5,000의 표본을 사용하여 관
심모수의 사후통계 특성을 정리 및 요약하면 다음과 같다.

node	mean	sd	MC error	2.50%	median	97.50%	start	sample
alpha	0.688	0.2693	0.007771	0.2886	0.6442	1.336	5001	5000
beta	0.9128	0.5399	0.01567	0.1843	0.8064	2.219	5001	5000
lambda[1]	0.05946	0.02466	3.48E-04	0.02178	0.05574	0.1168	5001	5000
lambda[2]	0.102	0.08016	0.00124	0.009131	0.08286	0.311	5001	5000
lambda[3]	0.0893	0.03771	6.32E-04	0.03178	0.08418	0.1783	5001	5000
lambda[4]	0.1161	0.03052	4.33E-04	0.06559	0.1132	0.1832	5001	5000
lambda[5]	0.5988	0.3074	0.004771	0.1531	0.5472	1.329	5001	5000
lambda[6]	0.6108	0.1383	0.002087	0.3706	0.5996	0.9151	5001	5000
lambda[7]	0.8861	0.7067	0.009014	0.07908	0.7092	2.745	5001	5000
lambda[8]	0.8921	0.7491	0.0118	0.07901	0.6936	2.774	5001	5000
lambda[9]	1.598	0.7674	0.01331	0.4989	1.468	3.443	5001	5000
lambda[10]	2.006	0.4333	0.006257	1.26	1.967	2.956	5001	5000

각 변수에 대해 표본들의 MC(Monte Carlo) error는 표준편차(sd)보다 대체적으로 상당히 적으며 이는 표본들이 수렴한다는 것을 나타낸다. [Sample Monitor Tool]에서 [history] 버튼을 클릭하면 추정 변수들에 대한 표본분포를 나타내는 그래프를 작성해 주며 이를 통해 수렴에 대한 여부를 시각적으로 확인해 볼 수 있다.

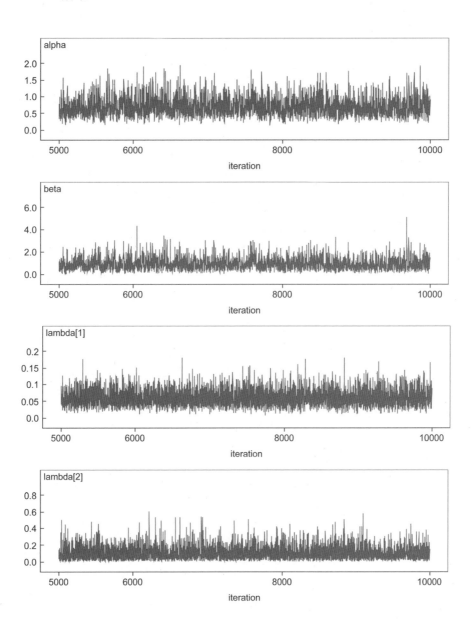

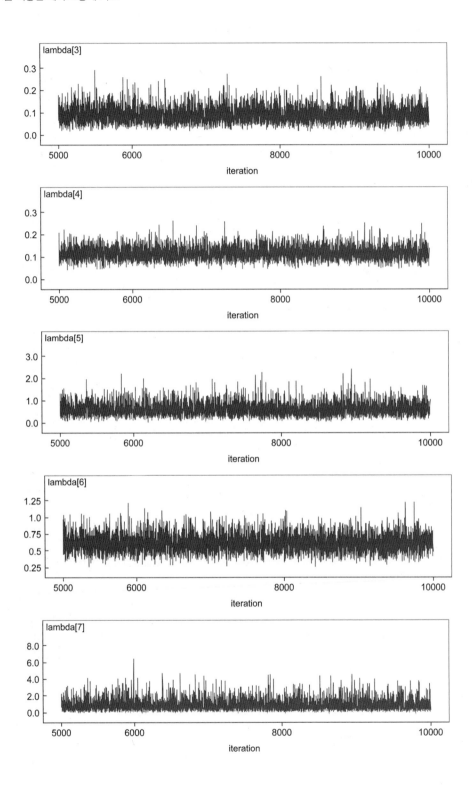

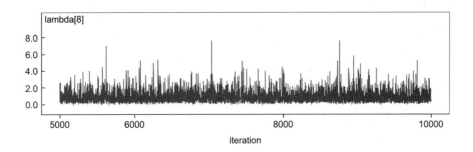

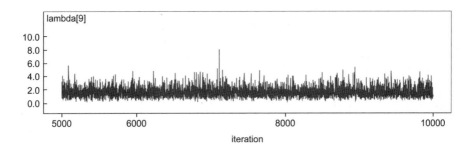

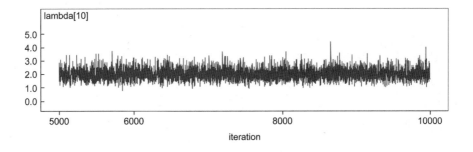

> ## 6.4   WinBUGS를 이용한 회귀분석

회귀모형을 계층적 모형으로 나타내면 WinBUGS를 통해 회귀계수를 추정할 수 있다. 다음과 같은 선형회귀모형을 고려해 보자.

$$y_i = \alpha + \beta x_i + \epsilon_i, \quad \epsilon_i \sim N(0, \tau) \tag{6.3}$$

여기에서 τ는 분산의 역수로서 정확도를 나타낸다. 모수 α, β에 대한 무정보적 정규사전분포를 τ에 대해서는 무정보적 감마분포를 설정하면 식 6.3은 다음과 같은 WinBUGS 스크립트로 나타낼 수 있다.

$$y|\beta, x \sim dnorm(\alpha + \beta x_i, \tau) \tag{6.4}$$
$$\alpha \sim dnorm(0, 0.0001)$$
$$\beta \sim dnorm(0, 0.0001)$$
$$\tau \sim dgamma(0.1, 0.1)$$

위에서 정규분포를 따르는 α, β에 대해 정확도를 아주 작은 값, 즉 $\tau = 0.0001$로 설정한 것은 α, β에 대한 사전정보가 거의 없다는 것을 의미하며 감마분포를 따르는 τ에 대해서도 사전정보가 거의 없음을 나타내기 위해 하이퍼 매개변수 값들을 작은 값으로 설정하였다. x와 y의 데이터가 다음과 같이 주어지는 경우에 식 6.4의 스크립트를 이용하여 모수 α, β를 추정해 보자.

x	180	174	176	175	172	179	183	168	178	176
y	5.04	5.07	5.27	4.91	4.85	5.01	5.89	4.79	5.43	5.18

WinBUGS에서 새로운 스크립트 창을 열어서 아래의 스크립트를 작성한 후 실행해 보도록 하자.

```
# Model
model {
for (i in 1:n) {
mu[i] <- alpha+beta*x[i]
y[i] ~ dnorm(mu[i],tau)
}
alpha ~ dnorm(0,0.0001)
beta ~ dnorm(0,0.0001)
tau ~ dgamma(0.1,0.1)
sigma <- sqrt(tau)
}
# Data
list(x=c(180,174,176,175,172,179,183,168,178,176),
y=c(5.04,5.07,5.27,4.91,4.85,5.01,5.89,4.79,5.43,5.18),n=10)
# Initial values
list(alpha=0.5,beta=0.5,tau=1)
```

위의 스크립트를 이용하여 5,000개의 표본을 생성한 다음, 처음 1,000개의 표본은
'burn-in' 과정으로 사용하여 제외시키고 이후의 4,000의 표본을 사용하여 관심모수의 사
후통계 특성을 정리 및 요약하면 다음과 같다.

node	mean	sd	MC error	2.50%	median	97.50%	start	sample
alpha	-4.846	4.294	0.08929	-13.59	-4.71	3.467	2001	3000
beta	0.05672	0.02438	5.09E-04	0.009528	0.05591	0.1067	2001	3000
sigma	3.559	0.8759	0.02131	1.96	3.509	5.37	2001	3000

위에서 추론된 α, β의 사후평균은 각각 -4.846, 0.05672이며 다음과 같이 선형모델만
을 이용하여 매개변수를 추정하는 R의 lm 함수에 의해 계산된 값(상수항(α)와 기울기
(β))과 거의 동일함을 알 수 있다.

```
# 선형모델에 대한 모수를 계산하는 R code
x=c(180,174,176,175,172,179,183,168,178,176)
y=c(5.04,5.07,5.27,4.91,4.85,5.01,5.89,4.79,5.43,5.18)
res=lm(y~x)
summary(res)
```

```
Call:
lm(formula = y ~ x)
Residuals:
      Min      1Q   Median      3Q      Max
-0.32823 -0.14263  0.04424  0.12674  0.34928
Coefficients:
            Estimate Std. Error t value Pr(>|t|)
(Intercept)  -4.9809     3.1537  -1.579   0.1529      # α의 추정값
x             0.0575     0.0179   3.211   0.0124 *    # β의 추정값
---
Signif. codes:  0 '***' 0.001 '**' 0.01 '*' 0.05 '.' 0.1 ' ' 1
Residual standard error: 0.2285 on 8 degrees of freedom
Multiple R-squared:  0.5631, Adjusted R-squared:  0.5085
F-statistic: 10.31 on 1 and 8 DF,  p-value: 0.0124
```

베이즈 추론에 의해 계산된 값과 선형모델만을 이용하여 계산된 값이 거의 유사한 것은 베이즈 추론에서 관심모수, 즉 α, β에 대한 사전정보로서 무정보적 사전정보가 사용되었기 때문이다. 만약 모수에 대한 유의미한 사전정보가 있다면 베이즈 추론에 의해 방법은 모형만을 이용하여 모수를 추정하는 고전적인 방법보다 더 좋은 결과를 얻을 수 있을 것이다.

예제 6-2 두 개의 설명변수를 가지는 선형모델과 관련된 예제 5.2를 계층적 모형을 이용하여 WinBUGS를 통해 계산해 보라.

풀이 예제 5.2의 선형모델에 대한 계층적 모형은 다음과 같이 나타낼 수 있다.

$$y|\beta_0,\beta_1,\beta_2,x \sim dnorm(\beta_0+\beta_1 x_{1i}+\beta_2 x_{2i},\tau)$$
$$\beta_0 \sim dnorm(0,0.000001)$$
$$\beta_1 \sim dnorm(0,0.000001)$$
$$\beta_2 \sim dnorm(0,0.000001)$$
$$\tau \sim dgamma(0.1,0.1)$$

위의 계층적 모형을 WinBUGS 스크립트로 나타내면 다음과 같다.

```
# Model
model {
for (i in 1:n) {
mu[i] <- beta0+beta1*x1[i]+beta2*x2[i]
y[i] ~ dnorm(mu[i],tau)
}
beta0 ~ dnorm(0.0,1.0E-6)
beta1 ~ dnorm(0.0,1.0E-6)
beta2 ~ dnorm(0.0,1.0E-6)
tau ~ dgamma(0.1,0.1)
sigma <- sqrt(1/tau)
}
# Data
list(x1=c(1.5,14.5,21.0,42.0,32.0,39.0),
x2=c(853,816,1057,1200,1358,1115),
y=c(195,232,174,93,115,127),n=6)
# Initial values
list(beta0=0.5,beta1=0.5,beta2=0.5, tau=1)
```

위의 스크립트를 이용하여 6,000개의 표본을 생성한 다음, 처음 3,000개의 표본은 'burn-in' 과정으로 사용하여 제외시키고 이후의 3,000의 표본을 사용하여 관심모수의 사후통계 특성을 정리 및 요약하면 다음과 같다.

node	mean	sd	MC error	2.50%	median	97.50%	start	sample
beta0	348.3	97.45	1.824	153.9	348.7	550.6	3001	3000
beta1	-1.376	1.59	0.02914	-4.582	-1.386	1.913	3001	3000
beta2	-0.1484	0.1176	0.00222	-0.3952	-0.1504	0.08062	3001	3000
sigma	30.96	15.62	0.4856	13.91	27.04	72.71	3001	3000

위의 결과와 예제 5.2의 결과를 비교해 보면 $\beta_0, \beta_1, \beta_2$의 추정값(평균)은 거의 유사한 반면에 분산의 추정값은 차이를 보인다. 즉, 예제 5.2에서 추정된 분산은 627.5인 반면에 여기서 계산된 값은 $30.96^2 = 958.5$이다. 이러한 분산의 차이는 분산의 분포에 대한 가정이 서로 다르기 때문이다.

예제 6-3 로지스틱 모형을 이용하여 마우스 독성실험 결과를 해석한 예제 5.8을 계층적 모형을 이용하여 WinBUGS를 통해 풀어보라.

풀이 예제 5.8의 로지스틱 모델에 대한 계층적 모형을 다음과 같이 나타낼 수 있다.

$y_i|\theta_i \sim dbin(\theta_i, n_i)$

$logit(\theta_i) = \alpha + \beta x_i$

$\alpha \sim dnorm(0.0, 0.001)$

$\beta \sim dnorm(0.0, 0.001)$

위의 계층적 모형이용하여 WinBUGS 스크립트를 작성하면 다음과 같다.

```
# Model
model {
for (i in 1:N) {
y[i] ~ dbin(theta[i],n[i])
logit(theta[i]) <- alpha+beta*x[i]
yhat[i] <- n[i]*theta[i]
}
alpha ~ dnorm(0.0,0.001)
beta ~ dnorm(0.0,0.001)
}
# Data
list(x=c(0.10,0.15,0.20,0.30,0.50,0.70,0.95),
y=c(9,14,24,33,39,50,50),
n=c(48,54,55,52,46,54,52),N=7)
# Initial values
list(alpha=0,beta=0)
```

위의 스크립트를 이용하여 5,000개의 표본을 생성한 다음, 처음 2,000개의 표본은 'burn-in' 과정으로 사용하여 제외시키고 이후의 3,000의 표본을 사용하여 관심모수의 사후통계 특성을 정리 및 요약하면 다음과 같다.

node	mean	sd	MC error	2.50%	median	97.50%	start	sample
alpha	-1.748	0.2443	0.00961	-2.251	-1.746	-1.283	2001	3000
beta	6.506	0.778	0.03187	5.103	6.465	8.133	2001	3000
yhat[1]	12.08	1.643	0.05814	8.994	12.05	15.38	2001	3000
yhat[2]	17.12	1.844	0.05777	13.63	17.1	20.82	2001	3000
yhat[3]	21.48	1.832	0.04598	17.89	21.46	25.21	2001	3000
yhat[4]	28.62	1.718	0.02227	25.31	28.61	32.08	2001	3000
yhat[5]	37.53	1.522	0.04566	34.5	37.6	40.42	2001	3000
yhat[6]	50.76	1.074	0.03875	48.37	50.88	52.53	2001	3000
yhat[7]	51.3	0.3725	0.01417	50.4	51.38	51.81	2001	3000

WinBUGS를 통해 추정된 α, β의 사후평균은 각각 -1.748, 6.506으로서 예제 5.8 에서 랜덤 워크 메트로폴리스 방법에 의해 추정된 값($\alpha = -1.741, \beta = 6.512$)과 거의 유사함을 알 수 있다. yhat는 각 실험에서 기대되는 죽은 마우스의 수를 나 타낸다.

APPENDIX

A. R 언어 소개

B. R의 클래스와 연산

C. R의 주요 분포함수

D. 몬테칼로 적분

E. 최적화

F. 메트로폴리스–헤스팅스 방법에 의한 난수생성

G. 깁스 표본기법에 의한 난수생성

H. WinBUGS 설치 및 소개

A   R 언어 소개

R 언어는 벨 연구소의 존 챔 버스 등이 개발한 S 언어(S language)의 두 버전 중의 하나로서 무료로 배포되며, 다른 버전인 S-PLUS는 상용이다. 문법과 통계처리 부분은 S 언어를, 데이터 처리부분은 다중패러다임 프로그래밍 언어인 스킴(Scheme)에 영향을 받은 R은 풍부한 통계적 알고리즘과 수치 해석 루틴 및 통합 데이터의 시각화 도구로 인해 통계 소프트웨어 개발과 데이터 분석에 널리 사용되고 있다. CRAN(Comhensive R Achive Network)의 웹사이트(https://cran.r-project.org)에서 무료로 R을 다운로드할 수 있으며 윈도우 버전뿐만 아니라 맥과 리눅스 버전도 제공되고 있다. R이 설치될 때 메모리와 효율성을 위해 가능한 모든 패키지가 설치되는 것이 아니라 base, stats, graphics, nmle, lattice와 같은 기본적인 패키지가 설치된다. 다른 패키지가 필요할 경우에는 해당 패키지를 설치하고 작업공간으로 불러들이면 된다. 예를 들어 "combinat" 패키지를 설치하여 사용하고 싶을 경우에는 다음과 같이 하면 된다.

```
> install.packages("combinat")
> require("combinat")
```

기본적으로 R 프로그램을 실행하면 콘솔 창이 뜨게 되며 명령어를 입력하고 엔터를 치면 곧바로 실행된다. 프로그램이 길어지거나 디버깅 등의 작업이 필요할 경우에는 콘솔 창을 이용하는 것이 불편할 수도 있는데 이 경우에는 Rstudio와 같이 그래픽 사용자 인터페이스(Graphic User Interface, GUI)를 지원하는 플랫폼을 사용하면 편리하다. Rstudio는 https://www.rstudio.com에서 무료로 다운로드하여 사용할 수 있으며 이 책의 모든 R code의 작성과 실행은 Rstudio를 이용하였다. Rstuido는 R 프로그램이 아니라 R 프로그램의 GUI를 지원해 주는 플랫폼이므로 Rstudio를 이용하여 R을 실행하기 위해서는 먼저 R이 설치되어 있어야 함을 잊지 말자.

B R의 클래스와 연산

R은 객체지향 프로그래밍 언어로서 객체를 이용한다. 하나의 객체(object)를 규정짓는 주요 두 요소는 객체의 내용(contents)에 대한 정보를 나타내는 모드(mode)와 객체의 구조(structure)를 나타내는 클래스(class)이다. 대표적인 모드의 종류로는 null(빈 객체), logical(참 혹은 거짓), numeric(3.14 혹은 $2+\sqrt{3}$ 등), complex($3-2i$ 등), character ("A","B" 등)가 있고, 주요 클래스로는 스칼라(scalar), 벡터(vector), 행렬(matrix), 타임 시리즈(time series), 데이터 프레임(data frame), 함수(function), 그래프(graph) 등이 있다. 즉, 객체는 물리적인 자료형(숫자, 문자열 등)을 지정하는 모드와 자료의 저장구조를 지정하는 클래스로 구성된다. 여기서는 R의 데이터 구조에 중요한 클래스와 이들의 연산에 대해 살펴보기로 한다.

(1) 벡터 클래스

벡터는 동일한 모드의 요소로 이루어진 정렬된 집합으로서 길이는 0에서부터 기계의 저장용량에 의해 결정되는 최대값까지 가능하다. 기본적으로 6가지 모드의 벡터가 있다 (논리형, 정수형, 실수형, 복소수형, 문자형, raw 형). 예를 들어 실수형과 문자형 벡터는 다음과 같다.

```
# 실수형 벡터
x = c(1,2,3,4)
x
[1] 1 2 3 4
# 문자형 벡터
y = letters[1:10]
y
[1] "a" "b" "c" "d" "e" "f" "g" "h" "i" "j"
```

위의 예에서 보는 바와 같이 벡터 객체는 구조에 대한 특별한 정의 없이 값을 부여함으로 바로 생성되며, 한 벡터 내의 모든 원소는 동일한 모드를 가진다. 벡터는 R에서 중요한 클래스이며 유용한 많은 연산들이 정의되어 있다. 다음의 예를 통해 살펴보도록 하자.

```
a=c(5,5.6,1,4,-5) # 5, 5.6, 1, 4, -5의 구성된 길이(원소의 개수)가 5인 벡터 a를 생성
a
```

```
[1]  5.0  5.6  1.0  4.0 -5.0
```

```
a[1] # 벡터 a의 첫 번째 원소를 선택
```

```
[1] 5
```

```
b=a[2:4] # 벡터 a의 두 번째부터 네 번째까지의 원소를 선택하여 벡터 b를 생성
b
```

```
[1] 5.6 1.0 4.0
```

```
d=a[c(1,3,5)] # 벡터 a의 첫째, 셋째, 다섯째 원소를 선택하여 벡터 d를 생성
d
```

```
[1]  5  1 -5
```

```
2*a # 벡터 a의 각 원소에 2를 곱함
```

```
[1]  10.0  11.2   2.0   8.0 -10.0
```

```
b%%3 # 연산자 "%%"는 모듈로(modulo) 연산자이며 벡터 b의 각 원소에 대해
      #  3으로 나눈 나머지를 계산함
```

```
[1] 2.6 1.0 1.0
```

```
d%/%2.4   # 연산자 "%/%" 모듈로(modulo) 연산에서 몫을 계산하는 함. 즉, 벡터 d의
          # 각 원소를 2.4로 나눌 때 몫을 계산함
```

```
[1]  2  0 -3
```

```
e=3/d # 3으로 벡터 e의 각 원소를 나눔
e
```

```
[1]  0.6  3.0 -0.6
```

```
log(d*e) # 벡터 d와 e의 같은 위치의 원소끼리 곱한 후 자연로그(ln)을 취함
```

```
[1] 1.098612 1.098612 1.098612
```

```
sum(d) # 벡터 d의 모든 원소를 합함
```

```
[1] 1
```

```
length(d) # 벡터 d의 원소의 개수
```

```
[1] 3
```

```
t(d) # 벡터 d를 행벡터로 바꿈
```

```
     [,1] [,2] [,3]
[1,]    5    1   -5
```

```
t(d)%*%e # 행벡터 t(d)와 열벡터 e의 내적을 계산함
```

```
          [,1]
[1,]    9
g=c(sqrt(2),log(10)) #  √2,ln10을 원소로 갖는 벡터를 생성
g
[1] 1.414214 2.302585
e[d==5] # 벡터 d의 원소가 5인 위치를 찾음 다음, 그 위치에서 벡터 e의 원소를 선택
[1] 0.6
a[-3] #벡터 a에서 세 번째 원소를 제외한 모든 원소들로 구성된 벡터를 생성
[1]  5.0  5.6  4.0 -5.0
is.vector(d) # 인수 d가 벡터이면 TRUE, 벡터가 아니면 FALSE를 반환
[1] TRUE
```

위에서 소개된 연산자 가운데 ":" 연산자는 연속적인 서열을 정의한다. 예들 들어, 1:5 은 1, 2, 3, 4, 5를 생성한다. ":" 연산자가 곱셈과 나눗셈보다 우선순위의 연산자인 것에 주의하자. 따라서 1:n-1은 1:(n-1)로 해석되는 것이 아니라 (1:n)-1로 해석된다. R에서 흥미로운 것은 새로운 연산자의 정의할 수 있다는 것이다. 예들 들어, x*y-y의 기능을 갖는 연산자를 정의하고 싶을 때에는 다음과 같이 하면 된다.

```
"%my%"=function(x,y) x*y-x # 연산자 정의
3%my%4      # 3×4-3
[1] 9
```

즉, 새로운 연산자를 정의할 때는 %any%를 사용하며, any에 해당하는 자리에는 어떤 문자열이든 사용할 수 있다.

(2) 행렬/배열 클래스

R에서 행렬과 배열 클래스는 각각 matrix, array에 해당한다. 벡터를 1차원 배열이라 고 하면 행렬은 2차원 배열이라 할 수 있다. 2차원 이상의 배열은 array로 나타낼 수 있 다. 벡터와 같이 구조에 대한 행렬과 배열도 값을 부여함으로써 바로 생성되며, 구성되 는 모든 원소는 동일한 모드를 가진다.

```
x=matrix(1:9,ncol=3)  # 3 × 3 행렬
x

     [,1] [,2] [,3]
[1,]   1   4   7
[2,]   2   5   8
[3,]   3   6   9
```

```
y= array(1:27, dim = c(3,3,3)) # 3 × 3 행렬이 3개
y

, , 1    # 첫 번째  3 × 3 행렬
     [,1] [,2] [,3]
[1,]   1   4   7
[2,]   2   5   8
[3,]   3   6   9
, , 2   # 두 번째  3 × 3 행렬
     [,1] [,2] [,3]
[1,]  10  13  16
[2,]  11  14  17
[3,]  12  15  18
, , 3 # 세 번째  3 × 3 행렬
     [,1] [,2] [,3]
[1,]  19  22  25
[2,]  20  23  26
[3,]  21  24  27
```

matrix와 array에서 "byrow=T" 옵션을 사용하지 않는다면 항상 원소는 열부터 차례로 채워짐에 주의하자. 행렬에서 자주 사용되는 연산들을 살펴보면 다음과 같다.

```
x1=matrix(1:20,nrow=5)  # 5 × 4 행렬에 1,2,...,20의 원소를 열부터 순서대로 채움
x1

     [,1] [,2] [,3] [,4]
[1,]   1   6  11  16
[2,]   2   7  12  17
[3,]   3   8  13  18
[4,]   4   9  14  19
[5,]   5  10  15  20
```

```
x2=matrix(1:20,nrow=5,byrow=T) # 5×4 행렬에 1,2,...,20의 원소를 행부터 채움
x2
```

```
     [,1] [,2] [,3] [,4]
[1,]    1    2    3    4
[2,]    5    6    7    8
[3,]    9   10   11   12
[4,]   13   14   15   16
[5,]   17   18   19   20
```

```
a=x1+x2 # 두 행렬의 같은 위치에 있는 원소끼리 합을 계산함
a
```

```
     [,1] [,2] [,3] [,4]
[1,]    2    8   14   20
[2,]    7   13   19   25
[3,]   12   18   24   30
[4,]   17   23   29   35
[5,]   22   28   34   40
```

```
x3=t(x2) # 행렬 x2의 행과 열을 바꿈(전이행렬)
b=x3%*%x2 # 두 행렬의 곱을 계산함
b
```

```
     [,1] [,2] [,3] [,4]
[1,]  565  610  655  700
[2,]  610  660  710  760
[3,]  655  710  765  820
[4,]  700  760  820  880
```

```
d=x1*x2 # 행렬에서 같은 위치에 있는 원소끼리의 곱을 계산함
d
```

```
     [,1] [,2] [,3] [,4]
[1,]    1   12   33   64
[2,]   10   42   84  136
[3,]   27   80  143  216
[4,]   52  126  210  304
[5,]   85  180  285  400
```

```
b[,2] # 행렬 b의 두 번째 열을 선택
```

```
[1] 610 660 710 760
```

```
b[c(3,4),] # 행렬 b의 세 번째, 네 번째 행을 선택
     [,1] [,2] [,3] [,4]
```

```
[1,]  655  710  765  820
[2,]  700  760  820  880
```

rbind(x1,x2) # 행렬 x1에 행렬 x2를 수직적으로 덧붙임

```
       [,1] [,2] [,3] [,4]
 [1,]    1    6   11   16
 [2,]    2    7   12   17
 [3,]    3    8   13   18
 [4,]    4    9   14   19
 [5,]    5   10   15   20
 [6,]    1    2    3    4
 [7,]    5    6    7    8
 [8,]    9   10   11   12
 [9,]   13   14   15   16
[10,]   17   18   19   20
```

cbind(x1,x2) # 행렬 x1에 행렬 x2를 수평적으로 덧붙임

```
     [,1] [,2] [,3] [,4] [,5] [,6] [,7] [,8]
[1,]    1    6   11   16    1    2    3    4
[2,]    2    7   12   17    5    6    7    8
[3,]    3    8   13   18    9   10   11   12
[4,]    4    9   14   19   13   14   15   16
[5,]    5   10   15   20   17   18   19   20
```

apply(x1,1,sum) # 행렬 x1의 각 행에 대한 합을 계산

```
[1] 34 38 42 46 50
```

as.matrix(1:4) # 1,2,3,4을 원소로 하는 4×1 행렬을 생성

```
     [,1]
[1,]    1
[2,]    2
[3,]    3
[4,]    4
```

행렬의 곱셈에서 연산자 "%*%"와 "*"는 기능이 다름에 유의하자. 수학에서 정의되는 행렬의 곱을 계산할 때는 "%*%" 연산자를 사용해야 한다. 연산자 "*"는 단순히 두 행렬의 같은 위치에 있는 원소를 곱한 후 결과를 반환한다.

(3) 리스트와 데이터 프레임 클래스

벡터와 행렬 클래스는 구성 원소의 모드가 모두 동일해야 한다. 반면에 리스트의 경우는 이 조건이 좀 더 완화된다. 다음의 예를 살펴보자.

```
li=list(num=1:5, y=c("color","blue"),a=T)
li
$`num`
[1] 1 2 3 4 5
$y
[1] "color" "blue"
$a
[1] TRUE
```

위에서 리스트 객체 li는 세 개의 요소를 가지고 있으며 첫 번째 요소 num은 수치형 원소를, 두 번째 요소 y는 문자형 원소를, 세 번째 요소 a는 논리형 원소를 가지고 있으며 각 요소 내의 원소의 개수도 다르다. 리스트의 연산에는 lappy 혹은 sapply 함수가 많이 사용되며 아래의 예를 살펴보자.

```
x=list(a=1:10,alpha=exp(-2:2),logic=c(TRUE,FALSE,FALSE,TRUE))
lapply(x,mean) # 리스트 x의 각 요소에 대해 평균을 계산하여 결과를 리스트로 반환
$`a`
[1] 5.5
$alpha
[1] 2.322111
$logic
[1] 0.5
sapply(x,mean) # 리스트 x의 각 요소에 대해 평균을 계산하여 결과를 행렬로 반환
        a    alpha    logic
5.500000 2.322111 0.500000
```

위의 결과에서 보듯이 lapply와 sapply는 결과를 반환하는 형태가 다를 뿐 실제 결과는 동일하다. 만약 리스트 클래스 x의 각 요소에 대해 합을 계산하기 원한다면 sapply (x,sum)와 같이 합을 계산하는 함수 sum을 사용하면 된다. 리스트의 특수한 경우로서 리스트의 각 요소가 모두 동일한 개수의 원소를 가지는 클래스가 데이터 프레임이다. 다음의 길이(원소의 개수)가 10인 네 개의 벡터를 이용하여 데이터 프레임 객체를 만든 예이다.

```
v1=sample(1:12,10,rep=T)
v2=sample(LETTERS[1:10],10,rep=T)
v3=runif(10)
v4=rnorm(10)
xx=data.frame(v1,v2,v3,v4)
xx

   v1 v2         v3         v4
1   2  B 0.04611267 -1.1020643
2  10  J 0.97587135  1.3696433
3  11  F 0.13981640  0.5481740
4   3  A 0.31457594 -0.2516391
5  12  D 0.55913196 -0.7794581
6   4  J 0.05444626  1.3187776
7   2  E 0.10217612 -0.6814145
8   5  H 0.91128086  0.3195402
9   5  H 0.29765282  2.2140086
10  1  A 0.23839007  0.2877695
```

C　R의 주요 분포함수

　　R은 통계기반의 언어이므로 분포함수 계산에 편리한 유용한 도구가 잘 갖춰져 있다. 즉, 분포함수의 종류를 나타내는 이름 앞에 d, p, q, r의 접두어를 붙이면 각각 확률밀도함수, 누적분포함수, 백분위수함수, 난수를 생성하는 함수가 된다. 예를 들면 "norm"은 정규분포를 나타낼 때 사용하는 이름이며 이에 대한 확률밀도함수, 누적분포함수, 백분위수 함수, 난수 생성 함수는 각각 dnorm, pnorm, qnorm, rnorm이 된다(아래의 R 코드 참조).

```
dnorm(1,mean=0,sd=1) # N(0,1)에서 X=1일 때의 확률밀도함수값
[1] 0.2419707
pnorm(1,mean=0,sd=1) # N(0,1)에서 p(X≤1)의 값
[1] 0.8413447
qnorm(0.7,mean=0,sd=1) # N(0,1)에서 누적분포확률이 70%에 해당하는 확률변수의 값
[1] 0.5244005
rnorm(1,mean=0,sd=1) # N(0,1)에서 하나의 난수생성
[1] -0.7993904
```

　　위의 예에서와 같이 접두어 d, p, q, r를 사용할 수 있는 기본적인 분포함수들을 요약해 보면 다음과 같다.

분포함수	이름	매개변수	디폴트 값
베타분포	beta	shape1, shape2	
이항분포	binom	size, prob	
코시분포	cauchy	location, scale	0, 1
지수분포	exp	1/mean	1
카이제곱 분포	chisq	df	
F 분포	f	df1, df2	
감마분포	gamma	shape, 1/scale	

분포함수	이름	매개변수	디폴트 값
기하분포	geom	prob	
초기하분포	hyper	m, n, k	
로그정규분포	lnorm	mean, sd	0, 1
로지스틱분포	logis	location, scale	0, 1
정규분포	norm	mean, sd	0, 1
포아송분포	pois	lambda	
Student t분포	t	df	
균일분포	unif	min, max	0, 1
베일불 분포	weibull	shape	

위에서 나열된 분포함수들은 실제 사용에서는 반드시 분포함수 이름에 접두어를 붙여서 사용됨에 주의하자. 특히, 지수분포함수를 의미할 경우에는 dexp, pexp, qexp, rexp의 형태로 사용되며, 접두어 없이 exp(x)와 같이 사용될 때는 단순히 e^x의 의미가 된다.

D   몬테칼로 적분

최적화와 적분은 통계적 추론에 흔히 발생하는 수치문제가 되며, 수식이 복잡해질수록 이들의 계산이 어렵게 된다. 몬테칼로 방법은 주어진 분포로부터 많은 수의 난수를 생성하여 최적화와 적분을 근사적으로 계산하는 방법이다. 적분의 경우를 예로 들어보자. 구간 [a, b]에서 연속인 함수 $h(x)$에 대해 정적분 $J = \int_a^b h(u)du$는 충분히 큰 수 m은 다음과 같이 근사될 수 있다.

$$A_m = \frac{b-a}{m}\sum_{i=1}^{m} h(x_i) = \sum_{i=1}^{m}\frac{b-a}{m}h(x_i) \tag{D.1}$$

위의 식은 정적분에 대한 리만(Riemann)의 근사에 해당한다. 식 D.1은 균일분포 unif(a,b)로부터 추출된 난수 U_i를 이용하여 나타내 보면

$$A_m = \frac{b-a}{m}\sum_{i=1}^{m} h(U_i) = \frac{1}{m}\sum_{i=1}^{m}(b-a)h(U_i) \tag{D.2}$$

이 된다. 식 D.2와 같이 분포함수로부터 생성한 난수를 이용하여 정적분을 계산하는 방법을 몬테칼로(Monte Carlo) 적분이라고 한다. a=0, b=1.5, m=100,000, $h(x) = x^2$일 때 $J = \int_0^{1.5} x^2 dx = 1.25$이다. 다음의 R 코드를 통해 리만근사와 몬테칼로 적분의 결과를 비교해 보자.

```
m=100000
a=0; b=1.5
# 리만근사를 통한 정적분
w=(b-a)/m
x=seq(a+w/2,b-w/2,length=m)
h=x^2; areas=w*h
sum(areas)
```
```
[1] 1.125
```

```
# 몬테칼로 적분
set.seed(1234)
u=runif(m,a,b) #
h=u^2; y=(b-a)*h
mean(y)
```
```
[1] 1.126927
```

위에서 보는 바와 같이 리만근사는 해석적으로 계산한 값과 완전히 일치하는 반면에 몬테칼로 적분은 좋은 근사를 보이며 소수 둘째자리까지 정확도를 보인다. 사용되는 난수를 개수가 증가할수록(m을 증가시킬수록) 몬테칼로 적분의 정확도는 높아질 것이다. 몬테칼로 적분은 피적분함수가 복잡하거나 다중적분이 요구될 때 리만근사보다 효율적일 때가 많다. 예를 들어 표준 정규분포를 따르는 확률변수 Z_1과 Z_2에 대해 $J = p(Z_1 > 0, Z_2 > 0, Z_1 + Z_2 < 1)$를 계산하는 경우를 생각해 보자. 여기서 J는 (0,0), (0,1), (1,0)을 꼭지점으로 하는 삼각형과 이 삼각형 위로 정의된 이변량 표준 정규분포의 밀도함수(위표면)의 사이의 부피에 해당하며 해석적인 값은 0.06773이 된다. 다음의 R 코드를 이용하여 리만근사와 몬테칼로 적분을 이용하여 J를 계산해 보자.

```
# 리만근사에 의한  J 계산
m=10000
g=round(sqrt(m))
x1=rep((1:g-1/2)/g,times=g)
x2=rep((1:g-1/2)/g,each=g)
hx=dnorm(x1)*dnorm(x2)
sum(hx[x1+x2<1])/g^2
```
```
[1] 0.06715779
```
```
(pnorm(sqrt(1/2))-0.5)^2 # 해석적인 방법에 의한 J 계산
```
```
[1] 0.06773003
```
```
# 몬테칼로 적분에 의한 J 계산
set.seed(1234)
u1=runif(m)
```

```
u2=runif(m)
hu=dnorm(u1)*dnorm(u2)
hu.acc=hu[u1+u2<1]
(1/2)*mean(hu.acc)
[1] 0.06768097
```

위에서 보는 바와 같이 몬테칼로 적분에 의해 계산된 값은 0.06768097으로서 리만근사에 의해 계산된 값 0.06715779보다 해석적인 값 0.06773003에 더욱 가까움을 알 수 있다.

E   최적화

로그우도함수나 사후분포함수의 최대화를 계산할 때 수치적 방법이나 난수의 샘플링을 이용한 통계적 방법이 사용될 수 있다. 수치적 방법의 경우 목적함수의 해석적 성질(convexity, boundedness, smoothness 등)에 많이 의존하지만 난수의 샘플링에 의한 방법은 목적함수의 성질에 보다 적은 영향을 받는다. 다음 함수의 최대값을 구하는 문제를 생각해 보자.

$$f(x) = [\cos(50x) + \sin(20x)]^2 \qquad (0 \le x \le 1) \qquad\qquad (E.1)$$

R에서 제공되는 함수 optimize를 이용하여 식 E.1의 최대값을 구해보면 다음과 같다.

```
fn=function(x) (cos(50*x)+sin(20*x))^2
optimise(fn,interval=c(0,1),maximum=TRUE)
```

```
$`maximum`
[1] 0.379125
$objective
[1] 3.832543
```

위의 결과를 통해 $0 \le x \le 1$에서 식 E.1의 최대값은 3.8325이며 이때의 x의 값은 0.379임을 알 수 있다. 함수 optimize는 해석적 방법에 기초를 두고 있다. 이제 해석적인 방법이 아닌 난수를 이용하여 최대값을 추정해 보자.

```
set.seed(1234)
randm=fn(matrix(runif(10^6),ncol=10^3))
res=t(apply(randm,1,cummax))
x11()    # 그림 E.1
plot(res[1,],type="l",col="white",xlab="No. of samples",
     ylab=expression(theta))
polygon(c(1:10^3,10^3:1),c(apply(res,2,max),rev(apply(res,2,min))),
        col="gray")
abline(h=optimise(fn,interval=c(0,1),maximum=TRUE)$ob,lwd=2)
```

위의 R 코드를 통해 생성된 그림 E.1에서 보는 바와 같이 0과 1사이의 균일분포로부터 추출된 샘플값을 통해 얻어지는 식 E.1의 최대값은 샘플수가 증가할수록 해석적 방법에 근거하여 계산된 값에 근접함을 알 수 있다.

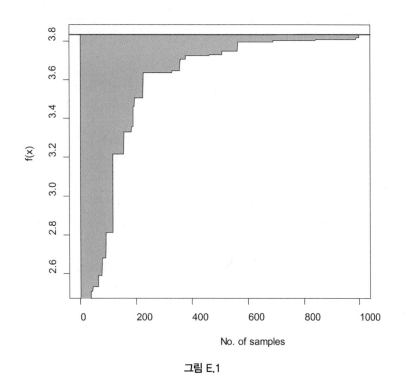

그림 E.1

우도함수나 사후분포함수에서 매개변수 계산은 최적화 문제로 해석될 수 있음을 다음 예를 통해 살펴보자.

$$l(\theta|x_1, x_2, ..., x_n) = \prod_{i=1}^{n} \frac{1}{1 + (x_i - \theta)} \tag{E.2}$$

위의 식은 우도함도로서 데이터 $x_1, x_2, ..., x_n$은 데이터를 나타낸다. 데이터가 코시분포 $X \sim Cauchy(0,1)$로부터 얻어진다고 할 때 우도함수가 최대일 때 θ를 구하기 위해 다음의 R 코드를 이용해 보자.

```
xm=rcauchy(1000)
theta.hat=numeric(1000)
Llikh=function(theta) {-sum(log(1+(x-theta)^2))} #로그우도함수
for (i in 1:1000) {
  x=xm[1:i]
  theta.hat[i]=optimise(Llikh,interval=c(-10,10),maximum=T)$max
}
theta.hat[1000] # 1000개의 샘플을 이용되었을 때의 optimise 함수에 의해 추정된 θ 값
[1] 0.0305635
x11() # 그림 E.2
plot(theta.hat,ylab=expression(theta),xlab="No. of samples")
```

그림 E.2에서 보는바와 같이 샘플 즉 데이터의 수가 늘어갈수록 θ의 값은 0에 가까워짐을 알 수 있다. 즉, $\theta=0$일 때 우도함수(식 E.2)가 최대가 됨을 알 수 있으며 데이터가 추출된 코시분포의 매개변수 값과 잘 일치한다. 해석적인 방법에 기반한 optimise와 달리 난수에 기반하여 목적함수를 최대화 혹은 최소화하는 방법들도 있으며 시뮬레이티드 어닐링(simulated annealing)도 이들 중의 한 방법에 속한다. 시뮬레이티드 어닐링은 높은 온도로 가열된 금속 혹은 합금을 천천히 냉각시킴으로 초기의 에너지 수준보다 더 낮은 수준의 에너지를 갖도록 함으로써 안정한 구조를 가지게 하는 물리현상을 이용하여 목적함수의 최소값을 찾는 알고리즘이며 다음과 같이 간단히 나타낼 수 있다.

① 어떤 분포함수 $g(\zeta)$로부터 난수 ζ 추출

② $\theta_{t+1} = \theta_t + \zeta \ with \ probability \ \exp\{\triangle h_t / T_t\}$

  $\theta_{t+1} = \theta_t \qquad otherwise$

여기에서 계산하고자 하는 매개변수는 θ이며 θ_t는 t번째 반복에서의 매개변수의 값을 나타낸다. h는 목적함수로서 θ의 함수가 되며 $\triangle h_t$는 t번째 반복에서 현재와 그 이전의 목적함수의 차이가 된다. T_t는 t번째 반복에서 온도로서 냉각스케줄에 따라 높은 온도에서 시작하여 반복과정을 통해 낮아진다. 시뮬레이티드 어닐링 방법이 구현되어 있는 R의 "GenSA" 패키지를 이용하여 식 E.2의 우도함수를 최대화 문제를 계산하면 다음과 같다.

```
install.packages("GenSA")
require(GenSA)
x=rcauchy(1000)
mLlikh=function(theta) {sum(log(1+(x-theta)^2))}
res=GenSA(par=0.5,fn=mLlikh,lower=-1,upper=1)
str(res)
```

```
List of 4
 $ value    : num 1401
 $ par      : num 0.00988  # θ의 추정값
 $ trace.mat: num [1:9992, 1:4] 1 1 2 2 3 3 4 4 5 5 ...
  ..- attr(*, "dimnames")=List of 2
  .. ..$ : NULL
  .. ..$ : chr [1:4] "nb.steps" "temperature" "function.value" "current.minimum"
 $ counts   : int 46443
```

함수 GenSA는 목적함수의 최소값을 찾기 때문에 목적함수를 로그우도함수가 아니라 로그우도함수에 음의 부호("-")를 취한 mLlikh를 사용하였다. 즉, mLlikh 함수의 최소화는 로그우도함수를 최대화하는 것이 된다. 추정된 θ의 값은 0.00988로서 optimise 함수에 의해 추정된 0.0305635보다 참값인 0에 근접함을 알 수 있다. 시뮬레이티드 어닐링 방법은 매개변수가 여러 개인 경우에도 적용될 수 있다. 다음과 같이 두 정규분포의 혼합으로 구성된 경우를 생각해 보자.

$$\frac{1}{4}N(\mu_1,1)+\frac{3}{4}N(\mu_2,1) \tag{E.3}$$

위의 혼합정규분포로터 $x_1,x_2,....,x_n$의 데이터가 얻어진 경우, 이를 이용하여 μ_1,μ_2를 추정하고자 한다. μ_1,μ_2의 참값은 각각 0, 2.5라고 하자. 다음의 R 코드는 GenSA 함수를 이용하여 μ_1,μ_2를 추정한 것이다.

```
require(GenSA)
da=rbind(rnorm(100),2.5+rnorm(300)) # 혼합정규분포에 대한 난수생성
mlike=function(mu) {
  -sum(log((.25*dnorm(da[1,]-mu[1])+0.75*dnorm(da[2,]-mu[2])))) 
}
res=GenSA(par=c(0,1),fn=mlike,lower=c(-5,-5),upper=c(5,5))
res$par   # 추정된 $\mu_1, \mu_2$(순서대로)
```
```
[1] -0.01096896   2.53257392
```

위의 결과는 $N(0,1)$으로부터 100개의 난수를, $N(2.5,1)$으로부터 300개의 난수를 발생하고 이들을 혼합분포의 관측자료로 사용하여 시뮬레이티드 어닐링 방법을 통해 μ_1, μ_2 추정한 것이다.

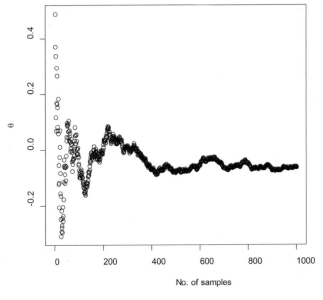

No. of samples

그림 E.2

F   메트로폴리스-헤스팅스 방법에 의한 난수생성

분포함수로부터 난수를 생성할 수 있으면 분포함수의 특성(예, 평균, 분산 등)은 몬테 칼로 적분을 통해 계산될 수 있다. 이항분포, 정규분포, 포아송 분포, 감마분포 등과 같이 잘 알려진 분포함수의 경우에는 각각 rbinom, rnorm, rpois, rgamma 함수를 이용하여 쉽게 난수를 생성할 수 있지만, 일반적으로 통계적 추론에서 만나는 분포함수 가운데서 난수의 생성이 쉽지 않은 경우가 많이 있다. 이런 경우에 난수의 생성이 쉬운 분포함수 (제안분포(proposal distribution)라고 부름)를 이용하여 원하는 분포함수(목적분포 (target distribution)라고 부름)의 난수를 간접적으로 생성할 수 있다. 제안분포로부터 다음의 절차에 따라 목적분포를 정상분포(stationary distribution)로 갖는 마르코프 체인 (Markov chain)을 생성하는 방법을 메트로폴리스-헤스팅스 방법이라고 한다.

① 난수생성이 쉬운 하나의 제안분포 $g(\cdot|x_t)$를 선택한다.

② 마르코프 체인의 시작점 x_0를 정한다.

③ 마이코프 체인이 수렴할 때까지 다음의 과정을 반복한다. 현재의 체인이 x_t일 경우

ⓐ x_{t+1}가 될 수 있는 후보 값 y를 제안분포 $g(\cdot|x_t)$로부터 하나 추출한다.

ⓑ x_{t+1}은 다음과 같이 결정된다.

$$x_{t+1} = \begin{cases} y & with\ Probability\ \alpha(x_t, y) \\ x_t & with\ Probabilty\ 1-\alpha(x_t, y) \end{cases} \tag{F.1}$$

where

$$\alpha(x_t, y) = \min\left\{1, \frac{f(y)}{f(x_t)} \frac{g(x_t|y)}{g(y|x_t)}\right\}$$

여기에서 $\alpha(x_t, y)$는 x_t가 주어질 때 제안분포로부터 추출된 y가 x_{t+1}로 채택될 확률을 나타내며 식 F.1은 다음과 같이 나타낼 수도 있다.

$$x_{t+1} = \begin{cases} y & U \le \min\left\{1, \frac{f(y)}{f(x_t)} \frac{g(x_t|y)}{g(y|x_t)}\right\} \\ x_t & Otherwise \end{cases} \tag{F.2}$$

여기에서 U는 확률변수가 0과 1사이인 균일분포로부터 추출된 하나의 난수를 의미한다.

확률밀도함수가 $f(x) = x\exp(-x^2/2)$ $(x \geq 0)$로 주어질 때 제안분포로 $Y \sim Gamma(x_t, 1)$ 을 사용하여 메트로폴리스-헤스팅스 방법을 통해 $f(x)$의 분포를 추정해 보자. 제안분포를 $g(\cdot)$라고 하면

$$g(x_t|y) = p(x_t|\alpha = y, \beta = 1) = \frac{1}{\Gamma(y)} x_t^{y-1} e^{-x_t} \qquad \text{(F.3)}$$

$$g(y|x_t) = p(y|\alpha = x_t, \beta = 1) = \frac{1}{\Gamma(x_t)} y^{x_t-1} e^{-y}$$

이 된다. 따라서 $f(y)g(x_t|y)/(f(x_t)g(y|x_t))$를 계산하면

$$\frac{f(y)}{f(x_t)} \frac{g(x_t|y)}{g(y|x_t)} = \frac{y\exp(-y^2/2)}{x_t\exp(-x_t^2/2)} \frac{x_t^{y-1}e^{-x_t}/\Gamma(y)}{y^{x_t-1}e^{-y}/\Gamma(x_t)} = \frac{\Gamma(x_t)y\,(x_t^{y-1})\exp(-y^2/2-x_t)}{\Gamma(y)x_t\,(y^{x_t-1})\exp(-x_t^2-y)} \qquad \text{(F.4)}$$

이 된다. 다음의 R 코드를 이용하여 본래의 확률밀도함수 즉, $f(x)$와 제안분포로부터 추정된 분포를 비교해 보자.

```
set.seed(1234)
m=10000
ratio=function(xt,y) gamma(xt)*y*xt^(y-1)*exp(-y^2/2-xt)/   # 식 (E.4) 계산
                 (gamma(y)*xt*y^(xt-1)*exp(-xt^2-y))
alpha=function(xt,y) min(1,ratio(xt,y)) # 채택확률 α 계산
X=numeric(m)
X[1]=rgamma(1,2) # 초기치 설정
for (i in 2:m) {
xt=X[i-1]
Y=rgamma(1,xt,1)
X[i]=X[i-1]+(Y-X[i-1])*(runif(1)<alpha(xt,Y))
}
ind=(m/2):m
f1=function(x) x*exp(-x^2/2) # f(x) = x exp(-x^2/2)
xm=seq(0,16,length.out=100)
x11() # 그림 F.1
plot(density(X[ind]),lwd=2,lty=1,xlab="X",main="")
```

```
plot(density(X[ind],lwd=2,lty=1,xlab="X",main="")
lines(xm,f1(xm),lwd=2,lty=2)
legend(locator(1), legend=c("Original Distribution","Guessed Distribution"),
        lty=1:2,lwd=2)
```

그림 F.1에서 점선은 감마분포를 통해 추정된 분포를, 실선은 추정하고자 한 본래의 분포함수 $f(x)$를 나타낸다. 본래의 분포함수에 좀 더 근접한 분포를 얻기 원할 때는 제안분포를 적절히 바꾸면 된다. 추정된 분포가 본래의 분포와 거의 일치할 경우, 추정에 사용된 난수들을 이용하여 본래의 분포함수의 특성(평균, 분산 등)을 계산할 수 있다.

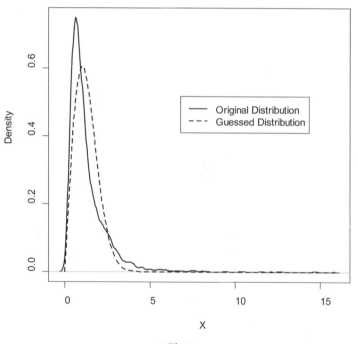

그림 F.1

G   깁스 표본기법에 의한 난수생성

분포함수로부터 난수를 생성할 수 있으며 이들 난수를 이용하여 분포함수의 특성(평균, 분산 등)은 몬테칼로 적분방법을 통해 쉽게 계산될 수 있다. 난수 생성이 어려운 분포함수의 경우, 제안분포를 이용하여 목적분포를 추정하는 메트로폴리스-헤스팅스 방법을 앞절(부록 E)에서 살펴보았다. 즉, 메트로폴리스-헤스팅스 방법은 제안분포로부터 추출된 샘플이 이전에서 추출된 샘플보다 확률이 높으면 해당 샘플을 채택하는 방법으로서 고차원으로 갈수록 채택확률이 0이 되므로 소요시간 대비 비효율적이다. 이러한 점을 보완하기 위해 다차원의 샘플을 조건부 확률을 이용하여 하나씩 순차적으로 샘플링하는 방법이 깁스 표본기법이다. 다음과 같은 다변량 정규분포로부터 난수벡터 $x = (x_1, x_2, ..., x_d)$를 생성하는 경우를 고려해 보자.

$$f(x) = (2\pi)^{-d/2} |\textstyle\sum|^{-1/2} \exp\left(-\frac{(x-\mu)' \sum^{-1} (x-\mu)}{2}\right) \tag{G.1}$$

x는 d개의 원소로 구성되어 있는 벡터이다. 만약 x의 i번째 원소 x_i만을 제외한 벡터를 $x_{(-i)}$로 정의하면 다음과 같이 나타낼 수 있다.

$$x_{(-i)} = (x_1, x_2, ..., x_{i-1}, x_{i+1}, ..., x_d) \tag{G.2}$$

이 때 조건부 확률밀도함수 $f(x_i | x_{(-i)})$를 이용하면 x_i에 대한 난수, 즉 표본을 얻을 수 있으며 다음의 과정을 거쳐 난수벡터 $x = (x_1, x_2, ..., x_d)$를 생성할 수 있다.

① 초기값 $x(0)$를 설정한다. 초기값은 임의로 정해도 되지만 수렴분포와 너무 동떨어진 경우에는 수렴시간이 길어지므로 피하는 것이 좋다.

② 현재의 난수 벡터를 x^t라고 할 때 x^{t+1}을 얻기 위해 다음의 과정을 반복한다.

$$x_1^{(t+1)} \sim f(x_1 | x_{(-1)}^t = (x_2^t, x_3^t, ..., x_d^t))$$
$$x_2^{(t+1)} \sim f(x_2 | x_{(-2)}^t = (x_1^{t+1}, x_3^t, ..., x_d^t))$$
$$x_3^{(t+1)} \sim f(x_3 | x_{(-3)}^t = (x_1^{t+1}, x_2^{t+1}, x_4^t, ..., x_d^t))$$

$$\vdots$$

$$x_d^{(t+1)} \sim f(x_d | \boldsymbol{x}_{(-d)}^t = (x_1^{t+1}, x_2^{t+1}, \ldots, x_{d-1}^{t+1}))$$

위에서와 같이 조건부확률을 이용하여 순차적으로 x의 각 원소에 대한 난수를 얻으면서 반복과정을 통해 난수벡터 $\boldsymbol{x} = (x_1, x_2, \ldots, x_d)$를 생성하는 방법이 깁스 표본기법이다. 따라서 깁스 표본기법에서는 조건부확률의 계산이 필수적으로 요구된다. 다변량 정규분포에서 조건부 확률분포에 대해 살펴보기 위해 다음과 같은 정규분포를 고려해 보자.

$$\boldsymbol{X} = \begin{bmatrix} \boldsymbol{X}_1 \\ \boldsymbol{X}_2 \end{bmatrix} \; with\, sizes \; \begin{bmatrix} q \times 1 \\ (n-q) \times 1 \end{bmatrix} \sim N(\boldsymbol{\mu}, \boldsymbol{\Sigma}) \tag{G.3}$$

위의 다변량 정규분포의 평균과 공분산은 다음과 같이 주어진다.

$$\boldsymbol{\mu} = \begin{bmatrix} \boldsymbol{\mu}_1 \\ \boldsymbol{\mu}_2 \end{bmatrix} \; with\, sizes \; \begin{bmatrix} q \times 1 \\ (n-q) \times 1 \end{bmatrix} \tag{G.4}$$

$$\boldsymbol{\Sigma} = \begin{bmatrix} \boldsymbol{\Sigma}_{11} & \boldsymbol{\Sigma}_{21} \\ \boldsymbol{\Sigma}_{12} & \boldsymbol{\Sigma}_{22} \end{bmatrix} \; with\, sizes \; \begin{bmatrix} q \times q & q \times (n-q) \\ (n-q) \times q & (n-q) \times (n-q) \end{bmatrix}$$

단변량 정규분포(식 G.3)에서 $\boldsymbol{X}_2$가 주어졌을 때 $\boldsymbol{X}_1$의 분포는 다음과 같이 주어진다.

$$\boldsymbol{X}_1 | \boldsymbol{X}_2 \sim N(\hat{\mu}, \hat{\Sigma}) \tag{G.5}$$

$$\hat{\mu} = \mu_1 + \Sigma_{12} \Sigma_{22}^{-1} (x_2 - \mu_2)$$

$$\hat{\Sigma} = \Sigma_{11} - \Sigma_{12} \Sigma_{22}^{-1} \Sigma_{21}$$

간단한 예로서 다음과 같은 3변량 정규분포에서 조건부 분포를 계산하여보자.

$$\begin{pmatrix} X_1 \\ X_2 \\ X_3 \end{pmatrix} \sim N \left(\begin{pmatrix} 3 \\ -1 \\ 1 \end{pmatrix}, \begin{pmatrix} 3 & -1 & 1 \\ -1 & 1 & 0 \\ 1 & 0 & 2 \end{pmatrix} \right) \tag{G.6}$$

위의 3변량 정규분포에서 조건부 분포를 식 G.5를 이용하여 계산하면

$$X_1|X_2,X_3 \sim N(3-(x_2+1)+0.5(x_3-1),1.5) \tag{G.7}$$

$$X_2|X_1,X_3 \sim N(-1-0.4(x_1-3)+0.2(x_3-1),0.6)$$

$$X_3|X_1,X_2 \sim N(1+0.5(x_1-3)+0.5(x_2+1),1.5)$$

이 된다. 다음의 R 코드를 이용하여 식 G.7의 조건부 분포로터 x_1, x_2, x_3의 표본을 구하여
보자.

```
m=10000
muhat=matrix(0,nrow=m,ncol=3)
mu=c(3,-1,1)
con.var=c(1.5,0.6,1.5)
coef.mat=matrix(c(3,-1,0.5,-1,-0.4,0.2,1,0.5,0.5),ncol=3,byrow=TRUE)
muhat[1,]=mu
for (i in 2:m) {
  mu.val=muhat[i-1,]
  for (j in 1:3) {
    mu.val[j]=rnorm(1,mean=t(coef.mat[j,]) %*% c(1,mu.val[-j]-mu[-j]),
                sd=sqrt(con.var))
  }
  muhat[i,]=mu.val
}
ind=(m/2):m
X=muhat[ind,]
colMeans(X) # 표본평균 (순서대로 X_1, X_2, X_3 )
```
```
[1]  3.048856 -1.041084  1.012190
```
```
cov(X)  # 공분산
```
```
          [,1]      [,2]     [,3]
[1,]  3.940672 -1.371160 1.303900
[2,] -1.371160  2.055179 0.340003
[3,]  1.303900  0.340003 2.360377
```

위의 결과에서 보는 바와 같이 조건부 분포로부터 생성된 난수의 평균은 본래 정규분
포함수의 평균과 유사함을 알 수 있다.

H　WinBUGS 설치 및 소개

WinBUGS는 마르코프 연쇄 몬테칼로(MCMC, Markov Chain Monte Carlo) 방법을 사용하여 베이지안 모형을 적합시킨 통계패키지인 BUGS(Bayesian inference Using Gibbs Sampling)의 윈도우 버전으로서 인터넷 홈페이지로부터 무료로 다운로드해서 사용할 수 있다.

https://www.mrc-bsu.cam.ac.uk/software/bugs/the-bugs-project-winbugs/

위의 홈페이지로부터 다운로드된 파일은 압축파일로서 압축을 풀면 폴더 안에 실행파일(WinBUG14.exe)을 볼 수 있으며 이 파일을 더블클릭하면 프로그램이 실행된다(그림 H.1).

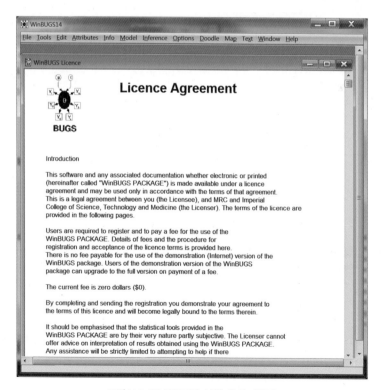

그림 H.1 WinBUGS를 실행 시 초기화면.

바로가기 아이콘을 만들어 두면 사용에 편리하다. 무제한 사용을 위해서는 라이선스 키를 받아서 디코딩할 필요가 있다. 라이선스 파일은 다음의 URL에 있다.

https://www.mrc-bsu.cam.ac.uk/wp-content/uploads/WinBUGS14_immortality_key.txt

디코딩을 위해서는 위의 라이선스 파일의 모든 부분을 복사한 다음, 프로그램을 실행하고 [File] → [new]를 선택하여 새로운 스크립트 창을 열어서 붙여넣기를 한다. 그런 후, [Tool] → [Decode] → [Decode All]을 선택해 주면 된다(그림 H.2). 디코딩이 완료되면 컴퓨터를 재부팅한다.

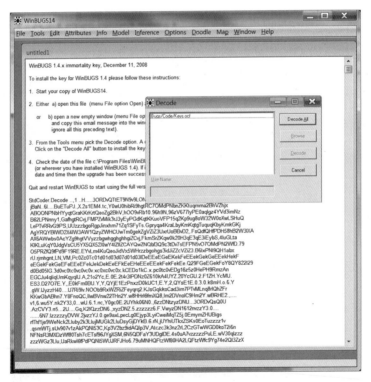

그림 H.2 무제한 사용을 위한 라이선스 파일의 디코딩.

WinBUGS 프로그램의 파일은 분석에 사용될 모델을 정의하는 부분, 자료(데이터)를 저장하는 부분 그리고 MCMC 계산을 위한 초기값을 정의하는 부분으로 구성되어 있다. 예를 들면 프로그램을 실행시킨 후 [File] → [new]를 통해 스크립트 창을 연 후 다음과 같이 스크립트를 정의할 수 있다.

```
# 모델
model   {
 우도함수 정의
 사전분포 정의
}
# 데이터 정의
list(...)
# 초기값 정의
list(...)
```

위의 스크립트가 작성이 되면 [model] → [Specification Tool] 창을 연 후, 모델부분을 마우스 드래그로 선택한 후 [Specification Tool] 창에서 [Check model]를 선택하면 모델 부분에 문법에 아무런 문제가 없을 경우 메인창 왼쪽 하단에 "model is syntactically correct"라는 메시지가 나타난다. 다음으로 데이터 부분을 마우스 드래그로 선택한 후 [Specification Tool] 창에서 [load data]를 선택하면 성공적으로 작업이 수행된 경우에는 메인창 왼쪽 하단에 "data loaded"라는 메시지가 나타난다. 모델과 데이터에 문제가 없다면 다음 단계는 컴파일이며 [Specification Tool] 창에서 [compile] 선택하면 된다. 컴파일이 성공적이면 메인창 왼쪽하단에 "model compiled"라는 메시지가 나타난다. 이제 MCMC 방법에서 초기치를 설정해 주는 것이 필요하며 초기값이 지정된 부분을 마우스 드래그로 선택한 다음 [Specification Tool] 창에서 [load inits]을 선택해 보자. 초기치가 제대로 로딩된 경우에는 메인창 왼쪽하단에 "model is initalized"라는 메시지가 나타난다. 이제 MCMC 시뮬레이션을 위해 [Inference] → [Samples…]를 선택하여 [Sample Monitor Tool] 창과 [Model] → [Update…]를 선택하여 [Update Tool] 창을 열어두도록 하자. 먼저 시뮬레이션을 통해 추정하고자 하는 매개변수의 설정은 [Sample Monitor Tool]에서 [node] 부분에 매개변수의 이름을 입력한 뒤 [set]을 선택한다. 더 이상 매개변수가 없을 경우에는 [node] 부분에 '*'를 입력한다. 매개변수가 설정이 되었다면 [Update Tool] 창에서 반복 횟수를 조절한 다음 [update]를 선택하면 시뮬레이션이 수행된다. 시뮬레이션의 결과는 [Sample Monitor Tool]에서 [history], [density], [stats] 등을 선택함으로써 종합적으로 살펴볼 수 있다. 간단한 예들 통해 WinBUGS의 사용법을 살펴보도록 하자. 1000번의 시행에서 620번의 성공이 관찰되는 이항분포에서 성공에 대한 사전확률은 베타분포 $B(330,270)$로 주어

질 경우 성공확률에 대한 사후분포를 계산하는 문제는 WinBUGS에서 다음과 같이 나타

낼 수 있다(그림 H.3).

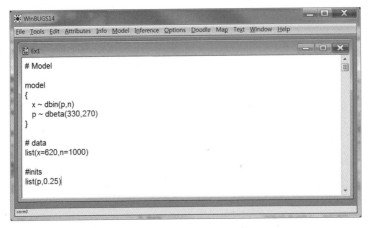

그림 H.3 스크립트 창에 모델 작성하기.

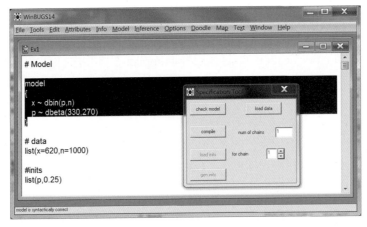

그림 H.4 모델부분을 선택한 후, [check model]을 클릭하여 구문 체크하기.

스크립트 작성이 완료되면 모델부분을 선택하여 모델체크(그림 H.4), 데이터 부분을 선택하여 데이터 로딩(그림 H.5)을 수행한 후, 컴파일을 수행한다(그림 H.6).

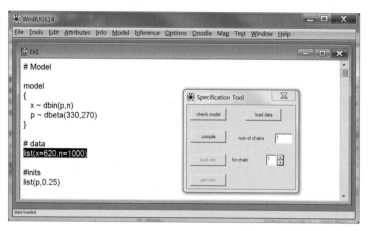

H.5 데이터 부분을 선택한 후, [load data]를 클릭하여 데이터 로딩하기.

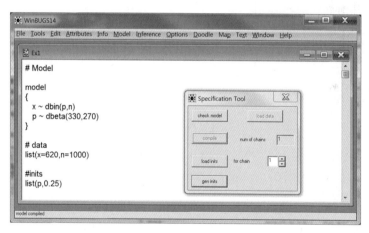

H.6 모델 체크와 데이터 로딩 후, [compile]을 클릭하여 컴파일하기.

컴파일이 성공적으로 이루어지면 사후분포를 얻고자 하는 성공확률 p의 초기치를 설정해 준다(그림 H.7).

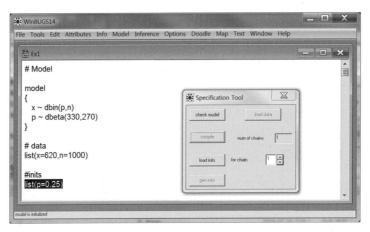

그림 H.7 MCMC 시뮬레이션을 위해 초기값 설정 부분을 마우스 드래그로 선택한 후, [load inits]을 클릭하여 초기값 설정하기.

이제 시뮬레이션을 통해 추정하고자 하는 변수를 설정하기 위해 메인메뉴에서 [inference] → [Samples…]를 통해 [Sample Monitor Tool] 창을 열자. 그림 H.8에서 보는 바와 node 부분에 추정하고자 하는 매개변수 p를 입력한 뒤, 활성화되어 있는 set을 눌러주자. 여기서는 매개변수가 p밖에 없으므로 더 이상의 매개변수가 없다는 의미로 노드부분에 '*'를 입력하자. 시뮬레이션 수행을 위해 메인메뉴 [Model] → [Update…]를 통해 [Update Tool] 창을 열고 [update]를 눌러주면 시뮬레이션이 수행된다(그림 H.9). [Update Tool] 창에서 updates 부분의 숫자는 추출하고자 하는 표본의 개수를 설정하는 곳이며 디폴트 값은 1000이다. 시뮬레이션의 결과는 [Sample Monitor Tool] 창의 [history], [density], [stats], [qunatiles], [auto cor] 등의 버튼을 클릭함으로 볼 수 있다(그림 H.10). 시뮬레이션에서 초기값의 영향을 제거하기 위해 일반적으로 "burn-in" 과정을 사용하는데 [Sample Monitor Tool] 창의 beg 부분을 이용하여 "burn-in"을 처리할 수 있다. 예를 들어 MCMC 사용하여 1,000개의 표본을 생성하여 처음 500개를 제외하고자 한다면 [Sample Monitor Tool]에서 beg 부분에 501을 입력하면 된다.

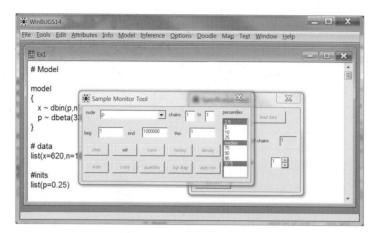

그림 H.8 추정하고자 하는 매개변수를 node 부분에 입력.

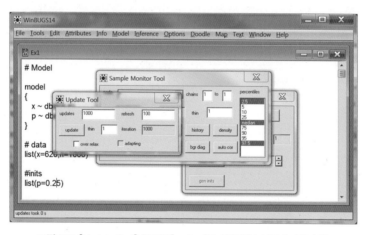

그림 H.9 [Update Tool] 창에서 [update]을 이용하여 시뮬레이션 수행.

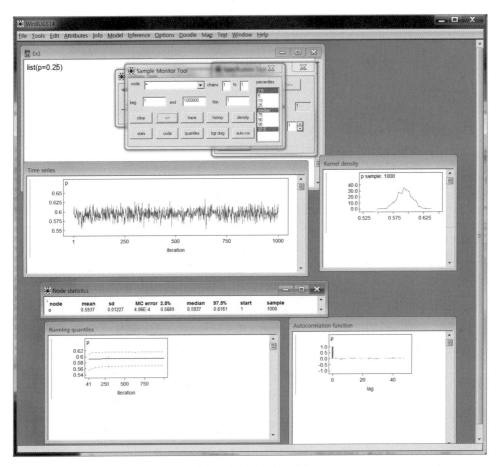

그림 H.10 시뮬레이션 결과.

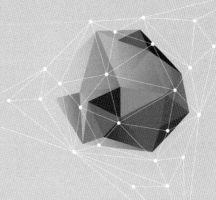

INDEX

B

Bayes' theorem   38

beta distribution   21

binomial distribution   11

BUGS(Bayesian inference Using Gibbs

    Sampling)   144

C

classical inference   151

conjugate prior   55

continuous random variable   9

D

dependent variable   106

discrete random variable   9

E

Expectation-Maximization   96

explanatory variable   106

F

F distribution   28

F 분포   28

Fisher's information   50

G

gamma distribution   23

Gaussian distribution   19

generalized linear model   123

geometric distribution   14

Gibbs sampling   66

H

hypergeometric distribution   15

hyperparameter   55

I

independent variable   106

inverse gamma distribution   25

J

Jeffrey's prior   50

K

χ^2-distribution   27

L

Laplace approximation   89

latent variable   125

likelihood   41

link function   123

logistic link function   123

M

marginal distribution   41

marginal posterior distribution   66

maximum likelihood estimation   108

MCMC, Markov Chain Monte Carlo   144

multinomial distribution   97

N

negative binomial distribution   12

normal distri   19

p

Poisson distribution   17

posterior probability   38

prior probability   38

probit link function   123

proposal distribution   183

R

R 언어   164

random variable   8

random walk   80

response variable   106

Rstudio   164

S

S language   164

S 언어   164

sample generating density   80

score function   108

simulated annealing   180

stationary distribution   183

Student's t distribution   30

T

target density   80

target distribution   183

ㄱ

가우시안 분포   19

감마분포   23

결합확률밀도함수   41

고전적 추론방법   151

공액사전분포   55

공액사전분포   55

균일분포   48

기대-최대화   96

기하분포   14

깁스 표본기법   66, 186

ㄷ

다항분포   97

독립변수   106

ㄹ

라플라스 근사 방법   88

라플라스 근사   89

랜덤워크   80

로지스틱 연결함수   123

ㅁ

마르코프 연쇄 몬테칼로   144

메트로폴리스-헤스팅스 방법   79

목적밀도함수   80

목적분포   183

몬테칼로 적분   175

무정보 사전분포   48

ㅂ

반응변수   106

베르누이 분포   9

베이즈 정리   38

베이즈 추론   151

베타 분포   21

ㅅ

사전확률   38

사후확률   38

선형모형   106

설명변수   106

스코아 함수   108

스튜던트 t-분포   30

시뮬레이티드 어닐링   180

ㅇ

역감마분포   25

연결함수   123

연속형 분포   19

연속형 확률변수   9

우도   41

음이항 분포   12

음이항분포   12

이산형 분포   9

이산형 확률변수   9

이항분포   11

일반화 선형모형   123

ㅈ

잠재변수   125

정규분포   19

정규분포   19

정상분포   183

제안분포   183

제프리 사전밀도함수   50

종속변수   106

주변분포   41

주변사후분포   66

ㅊ

초기하분포   15

최우추정치   108

최적화   178

ㅋ

카이제곱 분포   27

클래스   165

ㅍ

포아송 분포   17

표본생성밀도함수   80

프로빗 연결함수   123

피셔의 정보   50

ㅎ

하이퍼 매개변수   55, 62

확률변수   8